区域有机生活垃圾堆肥城市绿化利用

QUYU YOUJI SHENGHUO LAJI DUIFEI CHENGSHI LÜHUA LIYONG

周庆生　著

中国农业出版社
北　京

作者简介

Author Introduction

周庆生，男，1974年9月23日出生，河南省郑州市人。博士、副教授，郑州师范学院地理与旅游学院自然地理与资源环境专业主任。1999年3月留学日本。在日本经历日语专门学校、大学本科、大学院（研究生院）硕士课程及博士课程，于2011年9月获得东洋大学国际地域学博士学位。在日本留学期间成绩优秀，连续十年获得日本文部科学省、米山国际（美国）、东洋大学等各类奖学金，并多次获得每日新闻社的嘉奖。2011年9月就职于东洋大学国际共生社会研究中心，任客座研究员。在日本留学和工作15年，主要从事和参与有机废弃物再生资源化利用领域的研究，并且多次在日本土木学会、日本国际开发学会发表学术论文。充分掌握了我国和日本在该领域研究的前沿状况，并对有机废弃物堆肥资源化利用有着浓厚的兴趣和一定的研究积累。

著者

著者与导师北脇秀敏教授

自 序
AUTHOR'S PREFACE

1973 年，保罗·帕尔默首次使用了无废（zero waste）一词，直至 20 世纪 90 年代后期，这一理念才受到社会各界的广泛关注。无废理念的核心是对废弃物价值的重新定义，需要意识到废物是潜在的资源。近年来，欧美国家等不断地通过政策法案减少垃圾卫生填埋量和焚烧量。减少垃圾填埋和焚烧的最有效办法是源头减量和再生资源化利用。焚烧垃圾中有机物质占有较高的比率，因此，世界各国对这些有机物质的再生利用不断地进行科学研究。垃圾的分类收集不仅有利于焚烧处理和卫生填埋，更重要的是有利于再生资源化利用。

随着中国经济高速发展和居民消费水平的提高，生活垃圾的品种和产生量都呈现迅速增长趋势，也凸显出处理及再生资源化利用等系列问题。当前，生活垃圾的处理问题已经与我国的经济发展不相匹配。进行生活垃圾合理分类、再生资源化利用，可逐步形成可持续发展的循环型社会格局。

在有机废弃物堆肥再生资源化利用对策的探讨中，首要是处理及资源化技术。在技术允许的条件下，再生资源化物质的需求与供给可能性和计划对策的经济性等探究也是促进其有效利用的重要科学方法。目前，我国垃圾分类还处于摸索阶段，这也是有关区域有机生活垃圾堆肥资源化利用领域的研究相对缺乏的主要原因之一。

2018年12月，国务院办公厅印发《"无废城市"建设试点工作方案》。方案指出，"无废城市"是以创新、协调、绿色、开放、共享的新发展理念为引领，通过推动形成绿色发展方式和生活方式，持续推进固体废弃物源头减量和资源化利用，最大限度减少填埋量，将固体废弃物环境影响降至最低的城市发展模式。目前我国城市生活垃圾无害化处理57.22%依靠卫生填埋、40.24%被焚烧，再生资源化利用在生活垃圾处理中仍处于所占比例较低的状态。垃圾焚烧产生一定的污染物质，卫生填埋处理同样存在一定的渗水、漏气等环境问题。厨余垃圾是城市垃圾的重要组成部分，城市生活垃圾的有机物质主要由厨余垃圾构成，所以又称为有机生活垃圾。随着我国垃圾分类的逐步实施，探索有机生活垃圾的再生资源化利用对策已成为重要课题之一。

2016年12月，习近平总书记提出"垃圾分类是重要民生工程"。2017年3月，国务院办公厅转发给国家发展和改革委员会、住房和城乡建设部《生活垃圾分类制度实施方案》，指出至2020年，直辖市、省会城市、计划单列市和首批垃圾分类管理试点城市需要全面实施垃圾分类收集。2019年6月，住房和城乡建设部等9部门印发《关于在全国地级及以上城市全面开展生活垃圾分类工作的通知》，指出2025年末前，全国地级及以上城市将基本建成垃圾分类处理系统。我国垃圾分类的实施将为有机生活垃圾的再生资源化利用带来新的契机。促进有机生活垃圾的再生资源化利用，逐步减少垃圾焚烧和卫生填埋所带来的系列环境污染问题，对保护生态环境和推动绿色发展都具有重要意义。

有机生活垃圾的组成及品质存在差异，对其进行再生资源化利用时，不同需求的利用效率会出现很大的差别。有机生活垃圾的再生资源化利用途径主要有堆肥化和发酵制沼气等，但城市有机生活垃圾存在有机成分不稳定和大规模搬运困难等不利因素，因此，发酵制沼气存在较大难度。另外，城市有机生活垃圾堆肥在农业利用中，同样存在养分不固定和运输范围的经济性等问题，进行广域农业施用难度较大。

城市有机生活垃圾集中堆肥化且在区域内进行绿化（包括公园、草坪、育林、苗圃等）利用，是高效的、经济的集约型再生资源化利用方法，具有较高的学术研究及应用价值。我国有关有机生活垃圾堆肥的早期研究对推动其再生资源化的贡献有目共睹。但是垃圾资源化利用对策是否成功，还取决于资源化物质是否可以进行有效利用。成功地将有机生活垃圾堆肥有效利用，首先在于对需求的挖掘和对供给可能性的掌握。

在区域有机生活垃圾堆肥的实际利用中，对一定区域内的有机生活垃圾堆肥需求和供给可能性的分析是提高其有效利用的科学手段。因此，以区域为单位的有机生活垃圾堆肥需求供给平衡分析模型的构成，对提高各级行政区域的有机生活垃圾堆肥的有效利用及废弃物资源化等方面都非常重要。在以上背景下，本书提出区域有机生活垃圾堆肥绿化利用的集约型处理方法，以有机生活垃圾集中堆肥化并进行区域绿化利用的研究为中心，对区域的有机生活垃圾堆肥绿化利用的需求与供给、需求供给平衡进行探究，可为区域有机生活垃圾的集约型资源化利用提供有效科学依据。

本书由以下五章构成，第一章为概述，第二章为有机废弃物堆肥资源化理论与技术，第三章为堆肥发酵槽设计及配套装置，第四章为区域有机生活垃圾堆肥绿化利用的需求供给分析模型的构成，第五章为河南省各地区有机生活垃圾堆肥绿化利用的需求供给平衡分析。

本书的完成，如果能对区域环境科研工作者、研究有机废弃物再生利用问题的学者及地区生活垃圾管理者有所启示，那将是对作者努力和汗水的最大回报。诚然，由于时间和资料的限制，本书错误和遗漏在所难免，恳请各位读者批评指正，使本书不断完善。

周庆生

2024年1月

目　录
CONTENTS

第一章

概　述

第一节　我国有机废弃物堆肥资源化的现状与课题

化肥，1843 年 7 月 1 日诞生于英国。化学肥料被称为农作物增收的钥匙，化学肥料的诞生对人类粮食生产的贡献有目共睹。近 30 年来，我国的农业生产主要依靠化肥[1]，但是过量施用化肥带来的土壤和环境问题已经日益突出。2015 年，农业部提出到 2020 年实现化肥、农药零增长的目标。随着农业发展需求及各种政策出台，将多年来发展不温不火的堆肥产业推上了前台。虽说前景光明，但目前堆肥产业的发展却并不尽如人意。20 世纪 50—60 年代，我国农村普遍施用堆肥，当时农村把几乎所有的有机废弃物（包括人粪尿、畜禽粪便、秸秆及杂草等）都进行堆肥还田，实现了资源循环利用，保护了环境，同时也促进了农业生产。20 世纪 80 年代，我国化肥产量急速上升，化肥的施用比例也不断增加，另外由于农村环保投入不足及农村劳动力短缺等因素的影响，堆肥在农村地区日渐稀少，农村环境及土壤则出现退化趋势。进入 21 世纪，有机废弃物的高速堆肥技术和设备的研发及厌氧堆肥技术的普及成为重点工程。有机废弃物堆肥资源化循环利用既是一项环保事业，又有利于提高耕地质量，实现土壤有机质平衡，对促进我国农业“一控两减三基本”目标的实现，对循环生态农业和可持续农业发展战略的实施都将起到积极的推动作用[2]。

近年来，随着我国经济高度发展，废弃物的品种和产生量都呈现迅速增长趋势，也在废弃物处理及再生利用方面出现各种各样的问题。废弃物的处理问题已经和我国的经济高度发展不相匹配。对废弃物进行合理的处理利用，逐步形成可持续发展的循环型社会值得期待[3]。有机废弃物资源化利用的重要性不断被强调，但很多地区对有机废弃物的有效利用率还处于较低状态[4]。2013年，我国有 4 100 家有机肥生产企业，每年生产堆肥约 5 000 万吨，消耗的有机废弃物仅占产生量的 2.6%[2]。而日本畜禽粪便利用状况从日本环境省的资料可算出其资源化率高达 97%[5]。

过去日本民间有对有机废弃物进行自然发酵和干燥后直接使用的方法，由于有机废弃物中存在着各种各样的病菌，不彻底发酵会直接影响作物的品质。自日本 1970 年开始生活垃圾分类收集以来，为真正提高有机废弃物堆肥资源化率、实现堆肥产业的持续发展，日本各相关研究机构对有机废弃物堆肥资源化的需求[6]与供给[7-8]、农户堆肥使用意识[9]及效率化利用方法[10]、堆肥生产的计划及实施[11]都进行了大量的探讨及论证，逐步形成了周密的分析体系。并且这些方法得到了各地方自治体及堆肥生产企业的有效应用。同时，有机废弃物的排出、处理、利用等也得到社会各部门的协助。另外，日本为提高堆肥的利用效率，在不断地开发高速堆肥设施的同时，对有机废弃物堆肥进行微生物肥、有机无机复合肥等高附加值产品开发也取得一定的效果。日本在不断开发新技术的同时，对有机废弃物堆肥资源化高效循环利用论证方法的不断完善，也是提高其有效循环利用和使该产业得到可持续发展的主要原因之一。

综上所述，我国有机废弃物的堆肥资源化循环利用还处于较低的状态。近年来，我国垃圾分类的逐步实施将为有机生活垃圾的再生资源化利用带来新契机。促进有机生活垃圾的再生资源化利用，逐步减少垃圾焚烧和卫生填埋所带来的系列环境污染问题，对保护生态环境和推动绿色发展都具有重要意义。

城市有机生活垃圾集中堆肥化且在区域内进行绿化（包括草坪、花卉、树木、苗圃等）利用，是高效的、经济的集约型再生资源化利用方法，对一定区域内的有机生活垃圾堆肥需求和供给可能性的分析是提高其有效利用的科学手段。因此，以地区为单位的有机生活垃圾堆肥需求供给平衡分析模型的构成，对提高各级行政区域的有机生活垃圾堆肥的有效利用及废弃物的资源化等方面都非常重要。在以上背景之下，本书提出区域有机生活垃圾堆肥绿化利用的集约型处理方法，以有机生活垃圾集中堆肥化并进行区域绿化利用的讨论为中心，对研究区域的有机生活垃圾堆肥绿化利用的需求与供给、需求供给平衡进行探究，为研究区域有机生活垃圾的集约型资源化利用提供有效科学依据。

第二节 有机废弃物堆肥资源化处理的历史

堆肥一般是指农家肥。我国约有 1 500 年的有机废弃物堆肥施用历史。新中国成立初期因为化学肥料的产量较小，所以我国主要是依靠畜禽粪便、秸秆、人粪尿以及生活中的有机垃圾进行简单发酵后进行农地施肥[12]。

过去农家肥制造方法：先是把畜禽粪便、秸秆、人粪尿以及生活有机垃圾堆积在一起，然后时常进行人工搅拌使其充分接触氧气，从而使容易分解的有机物质得到分解。利用此方法需要经过几个月后才能制造成农家肥。虽然农家肥的制造需要时间较长，但是过去的作物生产还是从农家肥获得需求养分。进入 20 世纪，随着有机废弃物堆肥资源化方法的研究与开发，工业化规模的高速堆肥生产技术日臻成熟，为过去只能作为垃圾废弃的生活有机废弃物的堆肥资源化利用开辟了新的途径。

以下根据文献[13]，对近代以来的有机废弃物堆肥化生产技术的历史变迁进行整理总结。

一、印多尔法

印多尔法（Indore process）是英国的霍华德（Haward）在印度实施的工业化堆肥处理方法。此方法被认为是工业化规模堆肥资源化生产的起源。

这种方法首先需要挖一个深度 0.6～0.9 米的通气坑，在里面堆积高约 1.5 米的各种有机废弃物，经过 6～8 个月的时间发酵制造成堆肥，在这期间进行 2 次左右的翻动，让有机废弃物充分接触氧气。但是有机废弃物的发酵过程大部分处于厌氧状态，因此，制造堆肥的时间较长。

印多尔法改良后的堆肥方法主要有班加罗尔法（Bangalore process）。班加罗尔法和印多尔法对比没有很大的区别，只是在有机废弃物发酵期间的翻动次数有所增加并进行送风，从而使发酵时间比印多尔法有所缩短。因此，该方法当时在美国、新西兰、德国、澳大利亚等国家得到了充分利用。

二、贝卡里法

贝卡里法（Beccari process）是1920年意大利人贝卡里发明的堆肥方法。这种方法先是把有机废弃物放入密封容器内，然后对容器内进行送风，从而加快了有机废弃物的分解及发酵速度。当时这种方法得到了世界各地的采用，1938年日本也引进了此堆肥方法。

随着贝卡里法的广泛运用，出现了贝卡里法改良后的方法，如维迪尔法（Verdier process）和博达斯法（Bordas process）。前者的特点是，利用机械把密封容器内的有机废弃物进行脱水，然后充分送风从而缩短发酵时间。后者特点是，在容器壁上安装通气管，使有机废弃物在发酵的第一阶段已经接触到空气。这两种方法比贝卡里法的堆肥时间缩短了将近20天。

三、VAM法

荷兰的著名垃圾处理企业VAM，1931年开始对有机生活垃圾进行大规模的堆肥资源化处理。VAM的全称是Vuil Afvoer Maatschappij，原本是一家垃圾运输企业。VAM的主要特点是运输系统完善，该企业的鼎盛时期在荷兰南部和北部建设了两个大型堆肥化处理设施，把全国的有机生活垃圾运送到这两处设施，进行堆肥资源化处理。VAM为有机生活垃圾的运输设置了专用列车站，利用专用列车，夜间把全国的有机生活垃圾运送到堆肥化处理设施，翌日早晨专用列车再返回到专用列车站。VAM有机生活垃圾的堆肥化处理得到了国家的支持，并且倡导在荷兰全国进行有机生活垃圾收集，形成了庞大的运输体系。VAM的堆肥化处理方法主要采取在当时比较普遍的厌氧发酵法。

四、巴登法

巴登法（Baden－Baden process）的主要特点是通过人力和磁力进行挑选和去除原料中的非有机物质。堆肥化处理的原料有各种农业有机废弃物、城市有机生活垃圾和有机排水污泥。巴登法的堆肥化处理方法主要采取堆积法。该方法指把各种有机废弃物进行混合堆积，自然发酵；经过4～6个月的自然发酵后，对堆肥进行二次筛选，二次筛选的主要目的是对没有完全发酵的有机废弃物进行粉碎，从而加快其发酵速度。

五、厄普托马斯过程法

以上介绍的各种堆肥法基本是以厌氧发酵为主的方法。对比厌氧发酵法，厄普托马斯过程法（Earp－Thomas process）主要采取好氧发酵，因此，厄普托马斯过程法对有机废弃物的堆肥化处理具有历史性的意义。这种方法在结构上采取了和多段燃烧炉构造相同的多段发酵槽，并且进行机械强制送风和对原料进行机械翻动等措施，使有机废弃物堆肥化处理的时间得到了一定的缩短，而且这种发酵法组合加入菌种的方法在1939年得到了特别许可。厄普托马斯过程法所使用的有机废弃物发酵槽的设计方法如今依然被使用。

弗雷泽法（Frazer process）是厄普托马斯过程法的改良方法，1949年得到了特别许可。弗雷泽法的特点是，首先对密封槽中的有机废弃物进行强行送风和翻动等有氧发酵处理，然后对发酵完成物质通过筛子进行筛选，筛选出充分发酵的较小颗粒作为堆肥成品使用。对没有筛选出、未充分发酵的大型颗粒要进行再次循环发酵。

六、丹诺法

丹诺法（Dano process）是1933年在丹麦发明的一种有机废弃物好氧发酵方法。这种方法首先通过磁力和人力对非有机物质进行挑选和去除，然后通过机械对有机废弃物进行粉碎。丹诺法主要是采取机械滚筒式发酵槽，对有机废弃物进行发酵。这种机械滚筒式发酵槽也被称为丹诺发酵器，在20世纪50年代风行一时。

七、丹诺法以后

1965年前后，随着化学工业的逐步发展和化学肥料的产量日益扩大，化学肥料的价格逐渐下降。另外，随着工业化的不断发展，废弃物的构成发生了巨大的变化。在有机废弃物堆肥化处理中，大量塑料制品的混入，使非有机废弃物的挑选呈现出困难状态，并且造成堆肥品质恶化，使堆肥的需求量锐减。随着堆肥需求量大幅度减少，有机废弃物堆肥的生产也受到了巨大的影响。

1970年，石油价格开始飞涨，化学肥料的生产也受到了较大的影响。由于化学肥料产量的降低和价格飞涨等原因，有机废弃物堆肥资源化利用的重要性又得到了重新的认识。另外，随着化学肥料的过量施用造成土壤污染等原因，有机废弃物堆肥的土壤改良作用等得到重视。在以上形势下，有机废弃物堆肥资源化生产技术研究得到了发展，同时有机废弃物堆肥的各种发酵方法和各种堆肥制品也得到了开发。

进入 1980 年，随着石油价格的逐步稳定，化学肥料的生产也逐渐正常。伴随着化学肥料的生产扩大及价格稳定，有机废弃物的堆肥资源化大生产的局面再次发生变化。

1990 年到现在，废弃物的品种和产生量都呈现迅速增长趋势，如何高效对废弃物进行处理及再生利用成为亟待解决的问题，这给有机废弃物的堆肥资源化处理创造了机遇。

第三节　有机废弃物堆肥的原料

有机废弃物堆肥系统是否成功，取决于生产出的堆肥是否可以进行有效农业利用。成功地进行有机废弃物堆肥资源化利用，首先需选择正确的有机废弃物原料，然后对堆肥的需求量进行挖掘和掌握。另外，对堆肥需求区域的有机废弃物的产生量及其是否可以作为堆肥的原料和利用可能性的把握也非常重要[13]。

劣质的有机废弃物原料在堆肥化处理过程中不能得到分解和去除。比如含有重金属的原料，不但在有机质分解过程中不能得到去除，而且还会生成有毒物质。另外，有些有机废弃物原料虽然不含有毒物质，但是盐分含量较高也会影响堆肥的品质。使用非有机杂物含有量少的堆肥原料，堆肥设施的杂物筛选设备可以简化，而且所生产的堆肥品质较高。良好的有机废弃物原料是堆肥产业成功的必要条件，因此，原料选择对于堆肥的生产非常重要。

普通有机废弃物堆肥原料主要有农业有机废弃物中的畜禽粪便、秸秆，城市有机生活垃圾，以及人粪尿和排水污泥等。以下对各种有机废弃物堆肥资源化利用可能性进行总结。

一、农业有机废弃物

1. **畜禽粪便** 畜禽粪便中含有大量农作物生长所需要的养分，如氮、磷、钾。另外，其含有多种有机质，因此，还具有使土壤养分吸收能力、透气透水性和保水性提高等各种各样的效果[14]。

畜禽粪便的农业利用通常是经过干燥或发酵处理制成堆肥后再施用。在畜禽粪便的产生地或者农家的庭院内进行自然干燥或发酵后使用的情况也较为常见。经过自然发酵的畜禽粪便堆肥对质量要求不高，一般是就近施用。但是堆肥产品的广域流通是促进有机废弃物利用的必要手段，因此，对畜禽粪便堆肥的品质管理非常重要。要求畜禽粪便堆肥具有如下施用品质[15]：①适当的含水率、卫生、臭气不强；②使用前充分发酵；③不存在有害物质、有害病原菌；④不存在影响作物生长的物质（如含有杂草种子等）；⑤对于土壤和农作物具有一定的施用效果。

畜禽粪便堆肥由于地区的不同有着干燥、半干燥、自然发酵、高速堆肥等各种各样的处理方法。高速堆肥的特点是可生产出有害病原菌少或无、使畜禽粪便中的有机质充分发酵、肥料成分含量稳定、施用方便的肥料。畜禽粪便堆肥施用范围较广，既可用于粮食作物、经济作物的生产，还可用于公园城市绿化树木和花卉的培肥等。

2. 农作物秸秆 秸秆属于农作物生产的残渣，如麦秆、玉米秸秆、稻秆等，它们又被称为纤维类有机废弃物。这些秸秆被作为土壤改良物质进行施用的情况比较普遍。因为在作物的收获季节，秸秆也基本处于干燥状态，所以作物收获后直接施用于农地的状况较多。另外，秸秆也被称为堆肥的水分调节材料，通常和含水率较高的畜禽粪便混合发酵制造的堆肥效果更为理想[16]。

秸秆堆肥的施用更适合大田作物的土壤改良，也可用于公园树木和花卉、家庭花卉的种植等。

二、城市有机生活垃圾

城市有机生活垃圾主要是指城市厨房有机垃圾。城市有机生活垃圾和畜禽粪便相比含有农作物所需要的养分较少，而且还具有养分不确定等缺点。这些有机废弃物由于不能直接进行农业利用，因此必须经过发酵制造成堆肥后才能使用。城市有机生活垃圾的堆肥生产通常分为单独发酵和同其他有机废弃物（如畜禽粪便）混合发酵两种形式[17]。日本很多城市推行家庭有机垃圾的分类排出，这些有机垃圾主要是和脱水的粪尿污泥及食品行业产生的有机残渣混合处理制造成堆肥。城市有机生活垃圾堆肥产品主要施用于苗圃、育林、家庭种植、公园绿化等[18]。

三、粪尿和排水污泥

在欧洲，从中世纪到近代这一漫长的农业发展过程中，记载着粪尿和污泥的农业利用历史[19]。粪尿和生活排水、工业废水合并处理的情况较多，因此，排水污泥中含有一定的重金属。因为高速堆肥并不能去除污泥中的重金属，所以污泥直接经过简单的堆肥处理后使用会引起农作物的重金属污染[20]。与中国相比，日本的粪尿及排水污泥的堆肥利用较为普及，主要是因为日本存在关于污泥堆肥使用的法律（《肥料取缔法》）。法律规定了以粪尿污泥作为原料堆肥的重金属含有量标准。另外，日本经过30年对排水污泥堆肥农业利用的试验和研究[21]，污泥堆肥施用经验丰富，甚至很多地区还严格设定本地区的污泥堆肥施用标准。但是由于对污泥中重金属的忧虑，在日本真正施用排水污泥堆肥的农户还是少数。为此日本对粪尿污泥堆肥的施用进行总结，并由日本下水道协会于2005年制定发行了排水污泥的农地利用手册，对粪尿污泥堆肥的安全制造及施用进行指导，逐步使粪尿污泥堆肥的施用得到普及。

欧洲有关粪尿和污泥堆肥的施用也是在严格规定下进行的。1998年以前，英国就有将未经过处理的排水污泥直接对食用农作物进行施用的案例。此后，为安全施用粪尿污泥堆肥，英国发布了此类堆肥的施用说明，如表1-1所示。此表又被称为安全使用的粪尿污泥分类一览表[20]。另外，此表严格规定并阻止有害粪尿污泥堆肥的施用，达到了普及安全施用粪尿污泥堆肥的目的。在我国粪尿排水污泥堆肥的农业施用率还处于较低的状态，对英国的此项说明进行研究和摸索，有利于提高我国粪尿排水污泥堆肥的农业利用效率。

表1-1中农作物具体可以分为以下几类：①果实类，苹果、草莓、葡萄、梨等；②沙拉蔬菜类，生菜、洋葱、毛豆、结球甘蓝、胡萝卜等；③一般蔬菜类，马铃薯、南瓜等加热使用的农作物；④园艺蔬菜类，番茄、黄瓜等温室栽培作物以及竹笋等；⑤粮食・畜禽饲料，大麦、小麦、油类菜种等；⑥牧草・畜禽饲

料（收获），秸秆、饲料草等；⑦牧草·畜禽饲料（放牧），牧草、饲料用黑麦等。

表 1-1　安全污泥使用一览表（英国，1998 年）

农作物分类		未经处理粪尿污泥	一般方法处理粪尿污泥	高度严格处理粪尿污泥
果实类		×	×	○[e]
沙拉蔬菜类		×	×[a]	○[e]
一般蔬菜类		×	×[b]	○[e]
园艺蔬菜类		×	×	○[e]
粮食·家畜饲料		×	○	○
牧草·畜禽饲料	收获	×	○[c]	○[f]
	放牧	×	×[d]	○[f]

注：○为符合《排水污泥相关规制》和《排水污泥农业利用施用准则》，可以施用；×为不符合规制及准则，不能施用。a～f 属于经过一般方法和经过高度严格方法处理的粪尿污泥堆肥的安全施用注意事项，根据作物的不同进行详细说明。

a. 施用后，经过 30 个月收获的作物可以施用。

b. 施用后，经过 12 个月收获的作物可以施用。

c. 施用后，经过 3 周以上收获的作物可以施用。

d. 只限深耕施用，施用后经过 3 周以上可以放牧。

e. 施用后，经过 10 个月收获的作物可以施用。

f. 施用后，经过 3 周以上收获的作物或者经过 3 周以上放牧用的作物可以施用。

第四节　有机废弃物堆肥化处理的优势和问题

一、有机废弃物堆肥化处理的优势

以下对有机废弃物堆肥化处理的优势进行整理总结。首先，有机废弃物堆肥化处理和卫生填埋、焚烧处理对比主要有以下优势：

（1）对比卫生填埋、焚烧处理，堆肥化处理对有机废弃物进行回收再利用。

（2）对比卫生填埋处理，堆肥化处理节约处理用地，使有机废弃物资源得到有效利用。

（3）对比焚烧处理，堆肥化处理减少焚烧处理所带来的各种空气污染。

焚烧处理下，可燃烧废弃物中存在的各种塑料制品等非有机物质，在燃烧中产生大量的二氧化碳和有毒有害气体。有机废弃物进行堆肥化处理下，堆肥处理过程中对非有机物质进行筛选，筛选出的残渣可另行处理。二氧化碳的过量排放是全球变暖的主要原因之一，有机废弃物堆肥化处理和焚烧处理对比不存在二氧化碳和有毒有害气体的排放，而且可以作为资源进行绿地还原，具有减少温室气体排放和资源循环利用等优势。

其次，有机废弃物堆肥化处理对比污泥、畜禽粪便等直接进行农业施用，具有以下优势：

（1）碳氮比（C/N）的改善，作物营养吸收正常化。

（2）杀死病原微生物、害虫、杂草种子等。

（3）减少有机废弃物的污染，有利于流通利用。

二、有机废弃物堆肥化处理的问题和解决

1. 有机废弃物堆肥化处理的问题点

（1）需求量问题。有机废弃物堆肥化处理又被称为有价物质的回收技术，同时也可以认为是废弃物的再生利用技术。有机废

弃物堆肥化处理设施具有废弃物处理和商品生产两个方面属性。单纯的废弃物处理设施，不存在商品销售方面的忧虑。纯粹的商品生产设施，根据需求进行生产，对必要的原料进行采购即可。有机废弃物堆肥化处理系统的是否成功，取决于生产出的堆肥是否有需求，或者也可以理解为对堆肥需求的开发是否成功。

堆肥需求问题是现在大多堆肥企业存在的主要问题，不利于堆肥设施的建设。近年来，由于化学肥料的稳定供给，堆肥处于大多数农业生产可用可不用的尴尬局面。堆肥的潜在需求量（理论最大需求量）是大量存在的，区域有机废弃物堆肥生产设施建设的必要条件是，如何通过区域堆肥需求计划以及科学研究尽可能地把堆肥的潜在需求逐步变成实际需求。为推动及开发有机废弃物堆肥的需求，对有机废弃物堆肥资源化循环利用的意义进行宣传、对堆肥的正确使用方法进行培训和普及非常重要。另外，对农业施用以外的有机废弃物堆肥的开发利用也很有必要，比如城市园林园艺及草坪、苗圃的施用等。

（2）堆肥施用季节问题。农业施用有机废弃物堆肥的时期主要集中在春季和秋季，夏季和冬季是堆肥施用量比较少的季节，因此，对于每天连续运转的堆肥企业，进行安全的储藏非常重要。一般的堆肥生产设施，储藏用地紧张的情况较为多见，因此，堆肥的生产流通及安全储藏也存在一定的问题。作为堆肥储藏问题的解决方案，在建设有机废弃物堆肥化处理设施的同时，建设具有较高储藏能力的设施也很有必要。

（3）堆肥品质问题。一般的城市有机生活垃圾中普遍存在塑料和玻璃等夹杂物品，这些物品残留在经过发酵制成的堆肥中，施用后不但影响农作物的品质，而且会对环境造成影响。在对有机废弃物排出源头进行严格分类控制的前提下，进入堆肥工厂内还要进行首次筛选，发酵成品后进行二次筛选也很有必要。对堆肥的质量要求越高，堆肥的流水作业就越容易出现问题。因此，对堆肥设施筛选夹杂物品的能力进行改良和对低级别堆肥制品的利用开发非常重要。

重金属等物质在堆肥资源化处理中不容易被去除，这些重金属随着有机废弃物堆肥化处理的进行会出现富集。在堆肥施用过程中，有些重金属会被农作物吸收成为有害农产品。另外，有机废弃物堆肥化处理也会使盐分含量增加，堆肥中的盐分逐渐在土壤中蓄积，导致土质恶化。因此，重金属和盐分含量多的有机废弃物要严禁作为原料使用。

2. 有机废弃物堆肥化处理问题的解决 根据以上所述，有机废弃物堆肥化处理存在多种优势，但是有机废弃物堆肥化处理过程中同样存在各种问题。为了解决这些问题，首先要提高堆肥质量和生产效率，其次对堆肥产品用途的开发也很有必要。

成功的堆肥企业，先要具有原料的精选能力和独立生产及运营能力。即便是使用城市有机生活垃圾作为堆肥原料的情况，也必须打消垃圾处理的综合理念，摆正堆肥产业的位置。根据需求对精选的原料进行导入，即便是没有设置高密度的筛选装置，也要最大可能地做到夹杂物的最小化，从而保证堆肥产品的质量。

三、有机废弃物堆肥的利用和堆肥技术应用

1. 堆肥的土地利用 堆肥的主要利用方法是农业利用中的大田生产、菜园、果园、苗圃、山林、家庭菜园花园等的利用，

城市绿化利用中的公园、花坛、绿地等的利用。为促进堆肥的农业利用，对堆肥制品的使用便利性的开发很有必要。比如把堆肥由粉末状改变为粒状，不但使堆肥的施用方便，而且使堆肥的储藏性也有所改善。

2. 其他的堆肥利用 土地利用是堆肥的主要利用方法。由于化学肥料的存在，堆肥的农业利用存在着不稳定因素。堆肥产业的稳定化取决于堆肥的需求量。另外，堆肥的农业利用存在着季节变动等诸多问题，因此，堆肥其他用途的开发非常重要。以下对其他的用途开发及将来的利用可能性进行总结。

（1）高尔夫球场绿地。高尔夫球场的堆肥利用和农业利用方法相同，但现实中使用化肥的情况较多。高尔夫球场长期施用化学肥料和农药会造成水污染，施用堆肥不但能保持肥料效果，而且可以减轻对水的污染[18]。

（2）食用菌栽培。利用有机废弃物堆肥进行食用菌栽培卓有成效。在美国利用农作物秸秆作为主要原料，混合畜禽粪便和水进行发酵的方法较为普遍。发酵成熟后进行蘑菇类的栽培，蘑菇类栽培后完熟的堆肥还可以进行农地还原。

城市有机废弃物中的纸制品和废木料含有纤维素及木质素。食用菌类依靠这些纤维素及木质素的养分进行生长，因此，城市有机废弃物同样具备栽培食用菌的可能性。实际上，已有很多利用城市有机废弃物进行食用菌栽培的实例，比如平菇、香菇、蘑菇等食用菌的栽培。在食用菌类栽培过程中，有机废弃物中难分解物质得到充分的分解，使有机废弃物充分发酵，堆肥的腐熟度也会得到提高[19]。

（3）蚯蚓的养殖。蚯蚓可以吸收有机废弃物中的有机物质，经过消化可分泌脂肪分解酶和纤维分解酶，蚯蚓的粪也是有机肥的优质物料。另外，养殖的蚯蚓还可以作为鱼的诱饵进行使用。在堆肥需求量较小的夏季进行蚯蚓养殖，这样堆肥设施可得到充分利用。为避免病虫害和蚯蚓臭气的发生，蚯蚓养殖后的有机废弃物进行堆肥化处理，这些有机废弃物和发酵中的堆肥混合后进行再次发酵，发酵中所产生的高温对病虫害和蚯蚓臭气的抑制很有效[20]。

（4）土壤侵蚀的防治。堆肥被覆土壤，不但提供植物所需营养成分，而且还具有防止土壤侵蚀和肥料流失等作用。比如对坡地进行施用堆肥会使坡地土壤中的养分不容易流失，并且可以保持较好的肥料效果。堆肥作为多重功效使用的情况，较大粒状的堆肥效果更好。在美国高速公路的路肩施用粒状的堆肥，不但能促进植物的生长，而且还起到了保护路肩的作用[21]。

（5）促进荒地和废矿的再生利用。有机废弃物堆肥化处理设施使荒地和露天开采的废矿得到了再生利用。德国有着对废弃尾矿改造，使其成为城市生活垃圾堆肥化处理设施的情况。日本也存在着对石灰采掘废矿进行改造，使其成为各种有机废弃物堆肥化处理设施的情况[22]。

（6）脱臭和废气吸附能力。堆肥具有一定的脱臭和废气吸附能力。此外，堆肥中存在着大量的微生物，微生物吸附臭气物质，可以一定程度上对臭气物质进行分解，并且可以长时间的持续这种脱臭作用。一般的土壤脱臭材料会造成土壤板结等情况，堆肥脱臭不会引起以上情况的发生。此外，在进行畜禽粪便和粪尿等臭气性较强的有机废弃物堆肥时，将其和熟成的堆肥混合搅拌，并且在表面用熟成的堆肥进行覆盖，可以使堆肥化处理中所产生的臭气得到一定的抑制。同时，粪尿污泥等有机废弃物在堆肥化处理过程中，产生的臭气成分中的氨气含量较高，因此，将其和未发酵成熟、pH 较低的有机废弃物堆肥进行混合，可抑制氨的挥发、提高有机废弃物的发酵速度[23]。

（7）畜类饲养房内铺垫料。很多国家和地区把堆肥作为猪饲养房内的铺垫料进行使用。特别是冬季这些堆肥发酵后存在的余热，可以起到饲养房内的保温作用，并且明显减少了母猪压死仔猪的事故。

（8）垃圾最终处理场铺垫材料。以日本为例，日本的垃圾最终处理，主要是对垃圾焚烧灰尘和一些非可燃性垃圾进行卫生填埋，卫生填埋场主要使用沙子和黏土进行铺垫。如果使用堆肥代替这些沙子和黏土进行铺垫，不但可以节省土壤，而且也实现了堆肥资源化利用的目的。另外，作为垃圾最终处理场铺垫材料的堆肥，对品质的要求较低，所以使用那些被筛选出来品质较低的堆肥即可。这种方法使堆肥的需求得到了在废弃物处理行业内的开发，使其利用起来更为方便，因此，该方法在日本得到了充分应用[24]。

3. 有机废弃物堆肥化处理的技术应用

有机废弃物在有氧状态下发生反应而产生热量，如果在发酵过程中产生的热量较高，这些热量就可以得到有效利用。高品质的堆肥制造需要筛选出非有机物质，利用良好的有机废弃物原料，对促进发酵过程中产生的热量进行有效的利用很重要。因为堆肥过程中所形成的较高温度会持续一段时间，所以适合在畜禽养殖暖房和保温大棚利用[25]。

本章总结

本章主要对我国有机废弃物堆肥资源化的现状、有机废弃物堆肥资源化处理的历史、有机废弃物堆肥的原料及有机废弃物堆肥化处理的优势和问题等进行整理总结。近年，随着中国经济高度发展，废弃物的品种和产生量都出现迅速增长趋势，也出现了废弃物处理及再生利用等各种各样的问题。对废弃物进行合理的处理利用，逐步形成可持续发展的循环型社会值得期待。我国约有 1 500 年的有机废弃物堆肥施用历史。为了提高有机废弃物循环利用，1 000 多年来世界各国不断地对其堆肥方法和技术进行开发研究。有机废弃物堆肥的原料主要分为农业有机废弃物、城市有机生活垃圾、粪尿和排水污泥等。正确把握各种有机废弃物堆肥的施用方法对提高其利用率非常重要。各种有机废弃物堆肥资源化利用的可能充分存在，堆肥利用虽然有各种各样的施用效果，但是适当正确地施用堆肥非常重要。我国的废弃物中，有机废弃物占有较高的比例，但是资源化利用还处于较低的状态，提高有机废弃物循环利用率对推动我国循环型社会的发展意义重大。

第二章

有机废弃物堆肥资源化理论与技术

第一节　有机废弃物堆肥资源化处理的意义

自然环境微妙地驾驭着物质循环利用的平衡。但是随着现代工业的迅速发展，自然环境的这种微妙的平衡被人们新的物质生产和消费循环打破，并且产生大量的废弃物。现代社会资源的有限性、环境保护的必要性及自然物质循环的制约使社会生活受到限制。为了改变这种状态，对可再生废弃物的资源化循环利用已经迫不及待[19]。

一、有机废弃物堆肥化处理的定义

有机废弃物堆肥化处理是指对有机废弃物中的有机质及各种养分进行控制并且达到一定的标准，制造出容易储存和流通且对农作物无不良影响，能够达到改良土壤和提供一定养分的分解物[22]。换句话说，易腐烂的有机废弃物堆积会造成有机质的微生物分解，利用这种现象进行生物性的质变被称为有机废弃物堆肥化处理[23]。有机废弃物堆肥的微生物主要作用期由糖类分解期、纤维素分解期及木质素分解期构成。糖类分解期主要使各种微生物产生对蛋白质、氨基酸和糖类进行分解，在系列反应中产生热量，使堆积物温度上升[24]。纤维素分解期主要是分解纤维素，反应热使堆积物的温度上升至 60～80℃时，高温微生物开始活动。当以上分解达到峰值后堆积物的温度开始下降，这时候进入木质素分解期，正常情况下很难分解的木质素开始分解[25]。木质素分解期主要是微生物使堆积物中较坚硬的有机物质分解，堆肥呈现出特有的熟成颜色并呈现酥软状态[26]。

堆肥是由农业有机废弃物、畜牧业有机废弃物、污泥、城市有机生活垃圾等各种有机物质为原料进行发酵制成的。堆肥的制作方法大的方面分为好氧发酵法和厌氧发酵法两种。两种方法的区别在于装置是否通气上，由于厌氧发酵法的堆肥化处理时间较长，因此，工业化的高速堆肥设施大多采取好氧发酵法[27]。

二、有机废弃物堆肥化处理的目的

有机废弃物直接进行农业施用会对土壤造成危害。因此，有机废弃物经过发酵等堆肥化处理后进行农业施用非常必要。不同作物有机废弃物堆肥的施用量存在区别，普通农作物种植，每公顷需要施用 10～15 吨的堆肥。以下对有机废弃物堆肥资源化处理的目的进行整理总结[28]。

1. 分解不稳定有机物质　有机废弃物中有机物质接触氧气会出现自然分解，在自然分解过程中会消耗大量的氧气。如果有机废弃物直接施用于土壤中，有机物质分解过程会消耗土壤中的氧气，从而影响植物的生长，因此，有机废弃物在农业施用前须经过充分的分解。有机废弃物堆肥化处理的第一个目的就是，使有机废弃物中的有机物质分解并且使其处于稳定状态。

2. 改善碳氮比 碳氮比指的是有机废弃物中碳（C）和氮（N）的含量比。有机废弃物中的碳含量要高于氮含量，碳氮比处于较高值。如果有机废弃物直接施用，有机废弃物中的碳和土壤中的氮成分会发生反应，从而会消耗氮成分的数量，植物生长所需要的氮成分因此而减少。

有机废弃物经过堆肥化处理可以使碳氮比得到改善，使堆肥的碳氮比低于土壤中的碳氮比。堆肥进行农业施用的情况下，在土壤腐殖化过程中堆肥的氮养分会出现游离，因此，植物能持续吸收利用。直接施用有机废弃物，其碳氮比高于土壤中的碳氮比，在土壤腐殖化过程中，微生物会固定土壤中的氮，导致植物生长所需氮养分被剥夺。

由于有机废弃物的堆肥化处理过程中，碳成分会形成二氧化碳而散发，从而起到了改善碳氮比的作用，因此，改善碳氮比也是有机废弃物堆肥化处理的重要目的之一。

3. 杀死细菌、害虫、杂草种子等 有机废弃物堆肥化处理过程中一个很主要的特征就是温度上升。有机废弃物堆肥的发酵过程会产生 60～80℃的高温，这个温度可以杀死大部分的病原微生物、病虫卵及杂草种子等，使堆肥成为对植物和动物无害的物质。杀菌、杀虫从而达到卫生化，也是有机废弃物堆肥化处理的目的之一。

4. 消除原料中的污染物质 堆肥原料畜禽粪便和排水污泥等有机废弃物存在特殊的污染感和臭气。通过堆肥化处理过程，这些污染感和臭气会出现显著减轻，从而起到了使用方便的作用。

三、有机废弃物堆肥的施用效果

有机废弃物堆肥主要为土壤提供有机肥料和土壤改良剂。肥料和土壤改良剂有着不同的定义：肥料是指为植物生长提供营养的物质；土壤改良剂是指使土壤原有的不理想状态发生变化，改善和增强土地肥沃度的物质。虽然化学肥料中植物生长所需的氮、磷、钾是堆肥的几倍甚至数十倍，但化学肥料不具备有机肥的土壤改良作用，并且长期使用化学肥料会造成土壤污染。日本把堆肥定义为特殊肥料，有机废弃物堆肥在日本又被分为肥料效果有机物和土壤改良效果有机物。通常有机废弃物堆肥作为土壤改良剂进行施用的情况较多。以下根据文献对有机废弃物堆肥的几种施用效果进行总结[29]。

1. **供给腐殖质和改善土壤构造**　堆肥中含有大量的有机物质，施用后土壤中的腐殖质增加，使土壤形成团粒，从而促使土壤的物理和化学性质得到改善。

2. **供给微生物和减轻病虫害**　有机废弃物堆肥施用后，土壤中的微生物和蚯蚓等原生生物逐渐增加，并且形成复杂的食物链。这种食物链的形成可有效地抑制病原微生物的大量繁殖。

3. **保持肥料成分**　有机废弃物堆肥使土壤形成团粒结构，它们使土壤容易保持水分和各种养分。腐殖质不但有植物生长所需的各种养分，而且具有一定的保持水分和养分的能力。

4. **增强缓冲性能**　化学肥料大量施用会造成土壤的 pH 等化学性质发生变化，有机废弃物堆肥含有多种有机物质，施用堆肥可减少土壤化学性质的变化，增强土壤缓冲性能。

5. **阻止有害物质**　有机废弃物堆肥中的腐殖质和金属铝的

结合能力较强。酸性土壤容易和铝发生反应形成有害物质，伤及植物的根部，使植物吸收养分的能力降低。堆肥中的腐殖质和土壤中的铝发生反应会阻止有害物质产生，进而减少植物根部受害的可能性。腐殖质对于金属铜、铅、镉等同样具有一定的结合能力。

6. **供给肥料成分和微量元素** 首先，有机废弃物堆肥中含有肥料的“三要素”——氮、磷、钾。另外，它还含有钙、镁、钠、硅及锰等多种中量及微量元素。但是有机废弃物堆肥中，以上的养分及微量元素的含量较小，因此，也不能过于夸大堆肥的施用效果。

第二节 有机废弃物堆肥资源化的基本技术

一、有机废弃物堆肥化处理中发酵设施的功能

1. **有机废弃物堆肥发酵的主要方法** 有机废弃物堆肥化处理的主要方法有厌氧发酵法和好氧发酵法。

厌氧发酵法是把原料进行堆积，让原料处于不主动接触空气的状态，主要通过嫌气性分解菌的作用对有机物进行分解并且达到稳定化。厌氧发酵的速度较慢，根据有机废弃物堆积方法的区别，通过厌氧发酵制作堆肥的时间通常需要几个月到十几个月。

好氧发酵法主要是通过对原料翻动或强制送风的方法，让原料充分接触空气，增加原料中的氧气浓度，从而通过好气性分解菌的作用对有机物进行分解并且达到稳定化。对比厌氧发酵法，好氧发酵法具有制作时间短、发酵过程中臭气产生量小等特点。

因此，高速堆肥设施通常采用好氧发酵法。

2. 有机废弃物堆肥发酵设施应具备的主要功能　堆肥设施中，好氧发酵设施主要具有通气构造、翻动混合构造及传送构造。

厌氧发酵设施不需要具有通气构造，但是好氧发酵设施必须具备通气构造。虽然翻动混合构造具备一定的通气功能，但是高速堆肥设施一般采取强制送风措施进行好氧发酵。强制送风措施主要有加压和吸引两种方式。

翻动混合构造主要具备促进发酵和吸收臭气的重要作用。为促进有机废弃物快速发酵，发酵设施内的发酵菌体和有机废弃物原料须充分混合，而翻动混合构造正好实现了这一功能。发酵菌体和有机废弃物原料充分混合不但能有效地吸收臭气，还能提高堆肥的发酵速度。

高速堆肥设施一般还要有堆肥的传送构造，传送构造主要具有把发酵设施内的堆肥从入口处输送到出口处的功能。堆肥及堆肥原料的传送构造是连续性发酵设施和半连续性发酵设施的主要特征。另外，为提高堆肥设施的工作效率，传送构造还需要具有堆肥原料填充和排出功能。

此外，由于堆肥发酵设施整体处于密封状态，因此，发酵设施还应该具有排气和脱臭处理的功能。发酵设施内的脱臭处理一般要利用一定的脱臭材料对臭气进行吸附，利用半熟的堆肥和原料充分混合也会对臭气产生一定的抑制作用。同时，堆肥的发酵过程主要发生在原料表面，因此，原料越小，发酵速度就越快。有机废弃物堆肥化处理过程中，虽然通过微生物分解，原料的粒度会变小，但是进一步地通过适当的机械力量对堆肥原料进行破碎效果更好。

世界各国中，目前能达到以上全部条件的高速堆肥设施还较少。以下根据文献对近代以后的各种堆肥设施的功能进行叙述[13]。

二、户外堆放法

1. VAM法（荷兰） VAM法的特点是，把收集过来未经特别处理的各种垃圾堆积起来，高度5～6米，并通过适当地喷水进行水分调节；另外，每个月要对垃圾进行1次翻动，在发酵过程中没有进行强制送风措施。这种堆肥生产方法是具有代表性的厌氧性堆肥生产方法。

此方法的发酵时间为6～8个月。基本上，发酵完成的堆肥要经过大型的过滤设备进行筛选，经过生物分解而发酵完成的细小堆肥会过滤到滤网下，而金属和木材等很难分解的非堆肥化物料的废弃物就会被滤网分离。此堆肥化过程也可以被称为自然挑选过程。荷兰利用VAM法生产出的优质堆肥主要用于本国的花卉栽培，剩余部分也出口到欧洲各国。

2. 特里加法（法国） 特里加法是法国的特里加公司设计，具有强制送风装置的一种户外堆肥方法。这种装置的特点首先是设计有圆形防雨顶棚，顶棚的下方有大型的圆轮转动装置，并且利用传送带将原料输送到圆形防雨顶棚的下方。堆肥化过程中，大型的圆轮转动装置缓慢转动，起到了一定的送风效果，从而加快了堆肥的发酵速度。法国虽然利用这种方式建设了几处大型堆肥设施，但是最终因臭气污染问题而废弃。

3. 美国农业部研究所堆肥法 美国农业部研究所对华盛顿市蓝色平原（Blue Plains）废水处理厂的排水污泥堆肥化生产进

行试验并获得成功。这种堆肥化生产方式得到了推广，目前在美国得到应用并建设了多个堆肥工厂。这种堆肥方式首先把排水污泥和长宽约1厘米的多角小木片按1∶3的体积比进行混合，并且堆积成约1米高进行放置发酵；另外，每天要对堆积物进行1～3次翻动。虽然这种堆肥方式没有进行强制送风，但是在试验成功之后进行规模化生产时采取了传送带输送原料，在原料输送的同时也起到了一定的送风效果。

这种堆肥方式在美国进行规模化生产后，原料堆积的长度12～15米、宽度6～7米、高度约3米。经过约13天的发酵后用滤网进行筛选，筛选出的较小堆肥颗粒另行放置，并进行短期自行发酵后使用，而较大型的堆肥颗粒及木片等要继续和原料混合后按以上方法再次进行发酵和筛选。这种户外放置的堆肥方法，原料输入、翻动及堆肥筛选都需要大型的专用器械。

4. 其他户外放置堆肥法　户外放置的堆肥方法较为方便，所以在世界各地都较为流行，有强制送风型、机械翻动型和强制送风的机械翻动型等多种方式。大型的户外放置堆肥方法无论送风和翻动的方法是否存在区别，利用自动传送带装置进行原料的输入和堆积的方法较为普遍。另外，具备大型自动堆肥筛选机械和成品堆肥搬出机械的堆肥企业也较为常见。

三、旋转式发酵槽

有机废弃物的堆肥化过程是一种高温发酵的过程，所以可燃性垃圾焚烧设施的构造原理同样适用于堆肥化处理。旋转式发酵槽的代表性装置就是丹诺式发酵槽，它也被称为滚筒式发酵槽。

该堆肥发酵装置采取水平倾斜放置，直径 3～5 米，长度 30～50 米，强制送气。在该装置内部，堆肥原料在滚筒的旋转下与筒体的内壁发生摩擦，通过反复摩擦，原料均匀地与空气接触，并通过微生物的作用进行发酵。另外，堆肥原料通过旋转，粒度逐渐变小，从而提高发酵速度。

利用旋转式发酵方式生产堆肥，堆肥原料中即使混入一些如玻璃、瓷片等坚硬物质，它们也会破碎变为圆形，从而使堆肥在农田施用中不容易伤及人类和牲畜。此外，由于旋转式发酵槽的旋转能力，即使是使用城市有机生活垃圾和排水污泥进行堆肥也可以使原料均匀混合。

旋转式发酵槽的设计虽然存在很多的优点，但是由于发酵槽的整体处于封闭状态，存在水分蒸发及排出困难等缺点，因此，这种发酵设施更适用于含水率较低的有机废弃物。另外，由于旋转式发酵装置良好的破碎和混合性能，堆肥原料可在装置中进行 3～7 天的滞留，原料充分破碎和混合后再进行发酵利用，从而提高堆肥效果，因此，把旋转式发酵装置作为预备发酵装置的堆肥产业也较为常见。

四、厄普托马斯式发酵槽

厄普托马斯式发酵槽是与垃圾焚烧炉有着相同构造的发酵设施。厄普托马斯式发酵槽在堆肥史上非常著名。厄普托马斯式发酵槽的设计一般采取立式圆塔形式。堆肥的原料由顶部进入塔内，堆肥原料在塔内部通过机械运动一层一层地向塔下部移动。塔内的供氧通常以风机对各层进行强制送风，塔内的温度分布从上层到下层逐步增高。虽然发酵槽的原料填充量有限，但是原料一般经过1～3天即能完成一次发酵而到达塔的底部。厄普托马斯式发酵槽的主要缺点是装置的制造费用较高。

五、筒仓式发酵槽

1. 雷诺瓦式发酵槽　最初雷诺瓦（Renova）式发酵槽的方法来自德国的小镇（Blaubeuren），因此这种发酵槽也被称为Blaubeuren式。该方法首先把堆肥原料破碎后填入深度3米左右的槽中，槽内原料不进行机械翻动处理，只进行通气调节。通过检测及时了解发酵槽内的二氧化碳浓度和温度，根据检测结果利用通气开关控制送气。这种堆肥方法的强制送风从堆肥的上部进入，风从堆肥上部吹向堆肥的底部，底部铺垫土壤进行脱臭处理。因此，本方法在堆肥发酵过程中臭气的散发得到了有效控制。雷诺瓦式发酵槽的堆肥方法大约需要14天的时间制造堆肥，堆肥品质良好。但是这种方法存在堆肥原料的填充和堆肥制品取出困难的缺陷，因此并不适合大规模生产。

2. 克内尔式发酵槽　克内尔（Kneer）式发酵槽的堆肥方法在美国也被称为陶尔曼-韦斯（Taulman - Weiss）法。这种方法首先对原料进行脱水处理，脱水处理后的原料利用传送带从筒仓的上部投入，并且缓慢地向下部移动，强制送风从发酵槽的底部面向原料进入槽内。

这种堆肥方法的主要特点是堆肥原料的进入和堆肥制品的回流采取传送带装置。这种设计方式对原料的水分调节和控制臭气的散发效果显著。克内尔式发酵槽和雷诺瓦式发酵槽同样在堆肥程序中只进行通气调节，通过检测及时了解发酵槽内的二氧化碳浓度和温度，根据检测结果利用通气开关控制送气。这种方式的堆肥时间需要 10～14 天。

3. 三共有机械式发酵槽　这种发酵槽的特点是送风的方式和以上两种发酵槽存在差别，主要是往原料层的上部和下部分别送风，使空气进入筒仓内。这种送风方法主要有以下特点：①原料进入筒仓迅速接触空气，促使筒仓内氧气的消耗速度加快；②采取吸引式的送风方式，所以臭气的散发较少；③堆肥制品从筒仓内的排出简单化。如果筒仓的底部设置空气吸引装置或压入装置，必须同时设置防止堆肥制品排出时空气泄漏的装置。

六、箱式发酵槽

在比较浅的长方形发酵槽内进行堆肥发酵称为箱式发酵槽。箱式发酵槽和筒仓式发酵槽相似，原料的填充率较高，而且造价便宜。同时，由于堆肥原料的填充层较低，因此在发酵过程中更容易接触到空气。此外，这种发酵方式不但适合品质较好的有机废弃物，而且排水污泥及生活有机垃圾等大多有机废弃物均适合使用。箱式发酵槽主要采取原料从一端进入，并逐步向另一端移动的方式。发酵槽内原料移动装置的结构可以根据原料需求进行设计。

铲斗式发酵槽也称为浆式发酵槽，是箱式发酵设置中具有代表性的发酵设施。堆肥原料通过铲斗向发酵槽中进行移送，在发酵槽中通过浆的旋转对原料充分搅拌，具有原料不易结块、柔软及充分发酵等特点。另外，发酵槽底部采取强制送风装置，从而进一步加快了堆肥的发酵速度。这种发酵方式 1 天只需进行 1 次充分搅拌，发酵时间一般需要 10 天左右。

第三节　影响堆肥发酵速度的各种因素

有机废弃物堆肥化反应存在着诸多影响因素。有机废弃物本身存在多种化学组成和物理性状等区别，所以影响有机废弃物堆肥化反应的因素也随之增多。另外，在堆肥化过程中有机废弃物表面的反应非常微小，反应主要是在有机废弃物的水分中进行。因此，外围条件即使是发生一点点变化，堆肥化处理也会发生巨大的反应。

影响有机废弃物堆肥化反应的因素主要由原料来源、操作方法和堆肥设施设计等几方面组成。

1. **原料来源**　原料来源主要是通过原料的种类、含水率、有机物质含有率、碳氮比、pH 及原料的空隙大小、粒度尺寸等几方面因素影响堆肥反应。

以上多种因素影响堆肥化过程的变化，因此，对原料的筛选非常重要。对堆肥原料进行筛选不仅可以提高堆肥化的反应速度，而且可以去除一定的非有机物质，从而提高堆肥的品质。

2. **操作方法**　在堆肥化处理过程中，可以对堆肥材料的温度、氧气浓度、含水率、pH 及空隙的大小进行操作调整，从而提高堆肥的发酵速度。

3. **堆肥设施设计**　堆肥设施的设计同样是影响堆肥化反应的主要因素。比如：发酵设施的大小及保温能力、破碎处理、造粒处理、搅拌机械和移动机械等。

下面从以下几方面对堆肥化速度的影响进行整理总结。

一、原料的有机物质含有率

有机物质在发酵过程中可以提高材料的温度，所以有机物质具有蒸发废弃物中多余水分的特点。对废弃物进行堆肥化处理时，其原料中含有大量的有机物质是最必要的条件。不能进行生物分解的焦炭、石炭、橡胶和塑料等，会使堆肥化过程得不到温度提升，因此被称为堆肥化处理的无效有机物质或无效原料。糖类、蛋白质和纤维素等堆肥原料的有机物质被称为有效有机物质。

研究表明，为了保障堆肥过程中原料温度充分地上升和堆肥制品水分尽可能地降低，原料中有机物质的含有率会根据原料的含水率发生变化，使发酵过程中原料温度上升至 40℃。含水率60%的原料中干基的有机物质含有率至少 30%，含水率 70%的原料中干基的有机物质含有率必须要达到 55%以上。即使是原料中干基的有机物质含有率有 100%，其含水率也不能超出 79%[28]。

二、水分[29]

1. 水分是影响发酵速度的主要原因 水分是堆肥品质标准之一。水分含有率高的堆肥就容易发生异臭味，相反水分越少的堆肥制品也就越不容易变质，品质就越高。另外，在堆肥化过程中，水分是影响发酵速度的主要原因之一，因此，水分管理是制造良好的堆肥制品不可欠缺的部分。

以下从三个方面叙述水分含有率对发酵过程的影响：

(1) 微生物在水分充分的条件下进行繁殖。水分逐渐减少，微生物的繁殖速度也随之减慢，达到一定的干燥程度时微生物停止繁殖。

(2) 好氧堆肥反应过程中氧气起到了关键作用。水分过多，原料就不容易接触到氧气，微生物繁殖速度就会减慢。

(3) 水分过多，有机物质就会较少。另外，水分含有率高的发酵过程中部分热量就会被水分夺取，发酵温度呈现难以上升状态。同时，原料水分过多，堆肥制品也会呈现较高的含水率。

2. 根据发酵温度和制品含水率探讨堆肥原料含水率的上限

堆肥化过程中为了起到杀菌和杀卵作用，发酵温度须上升至50℃以上。另外，为了更好地储存和流通，堆肥制品的含水率须控制在40%以内。相关研究表明，达到堆肥发酵过程中所需温度50℃以上和堆肥制品的水分控制在40%以内这两个重要条件，其生产原料的上限含水率为78%[29]。

3. 堆肥原料的水分和水分管理

以上对水分影响发酵速度的原因和原料含水率上限等进行了论述，下面将不同含水率的堆肥原料的水分管理方法总结如下：

(1) 低含水率材料。低含水率材料是指水活性 a_w 在 0.94 以下的材料。这种情况有机物质不会进行发酵，所以利用加水来提高其水活性很有必要。普通材料的水活性 $a_w=0.94$ 的情况下，其含水率接近15%。

(2) 中含水率材料。中含水率材料是指 $0.94<a_w<0.97$ 的材料。这种情况有机物质虽然会进行发酵，但发酵速度缓慢。因此，通过加水来提高其反应速度很有必要。

(3) 适合含水率材料。在这种情况下，一般普通有机物质含水率在50%～60%，但是也存在个别材料含水率稍高时发酵最适合的情况。

(4) 过含水率材料。稍超出最适合含水率的材料，增加了一点含水率其发酵速度就明显降低。这种情况下利用送风来减小其含水率，从而达到最适合发酵的含水率。

(5) 高含水率及超高含水率材料。因为含水率过高，所以空气流通受到巨大影响，从而减缓了发酵速度。这种情况下，加入膨化材料或者加入含水率低的有机物质及碳素材料，从而增加原料中的空隙，使其充分接触氧气，提高其发酵速度。

三、pH

1. pH 和反应速度 有机废弃物堆肥化过程中堆肥原料的 pH 会发生变化，这种变化会对有机废弃物堆肥化速度产生巨大的影响，所以在堆肥设施运转时对 pH 的管理非常重要。下面，通过以下两组试验，对有机废弃物堆肥化过程中 pH 的变化对发酵速度和氧气消耗速度的影响进行总结[30]。

实验 1：对 pH 约为 5 的有机废弃物堆肥过程进行试验，在发酵反应停止而且还未完全成熟的堆肥中添加氨（NH_3）或者是钾药剂来提高其 pH，在试验过程中也加入一定的碱水来适当地调整 pH，以测定 pH 变化对发酵过程中氧气消耗速度的影响。试验结果表明，pH 越高，氧气的消耗速度和发酵速度就越大；当 pH 达到 9～10 时，对氧气的消耗速度和发酵速度呈现最大值。

试验 2：和试验 1 相反，在反应速度最快的 pH 9～10 的原料中加入乙酸（CH_3COOH）和硫酸（H_2SO_4）以降低其 pH。当原料的 pH 降至 7 以下时，对氧气的消耗速度和发酵速度明显降低；当 pH 进一步降至 5 时，对氧气的消耗速度几乎为 0，发酵也呈停止状态。

以上的研究表明，当有机废弃物的 pH 在 5 以下时堆肥发酵停止，不断提高其 pH，pH 越高发酵速度就大，pH 在 9～10 时堆肥发酵速度呈最大值。但是当进一步提升其 pH 时，促进堆肥发酵的微生物活动就会受到阻碍，所以发酵速度就会减缓。

2. 影响 pH 的原因　同样的有机废弃物堆肥原料随着发酵的进行，pH 也会发生变化。好氧发酵的情况下，产生的二氧化碳（CO_2）在水的溶解下形成碳酸（H_2CO_3），从而降低 pH。另外，在发酵的急速进行下，堆肥内部局部出现厌氧部分，从而产生乙酸类的低级脂肪酸，成为有机废弃物堆肥过程中 pH 降低的主要原因。

有机废弃物堆肥过程中 pH 上升的主要原因是氨气的发生。良好的堆肥发酵过程中，蛋白质的分解产生氨气，在水的溶解下形成氢氧化铵（NH_4OH），从而提高了 pH。pH 一定程度地上升，氨气不断地挥发，达到阻碍堆肥发酵的程度，pH 不再上升。

3. pH 的调整　有机废弃物原料是决定 pH 的主要因素。但是堆肥方法的设计也会对 pH 的调整起到一定作用。

首先，堆肥过程中主要可以采取强制送风和适度的翻动让有机废弃物原料充分接触空气，抑制低级脂肪酸的形成，从而防止 pH 下降影响发酵速度。

其次，针对原本 pH 较低的有机废弃物原料，加入含氨的药剂来提升其 pH。同时，在 pH 较低的有机废弃物原料中加入发酵未完成但已经开始释放氨气的未成熟堆肥进行混合发酵也是很好的调整方法之一。

四、影响堆肥发酵的其他因素

1. 碳氮比　有机废弃物分解微生物的活动能力受到其构成

体所需的必要养分量和种类影响。在养分的组成中，碳含量和氮含量以及碳氮比非常重要，它们影响微生物细胞制造蛋白质。

堆肥速度受到碳氮比的影响，碳氮比在10～30时有机废弃物的分解开始加速，在7～10时分解速度呈现最大值；碳氮比＞60时分解速度会显著变慢。普通的城市有机生活垃圾碳氮比为30～50，排水污泥碳氮比为8～12，一般的堆肥制品碳氮比为10～20。如果将较高碳氮比的堆肥制品进行农田施用，就很容易出现农田养分贫瘠的现象。

不同有机废弃物的碳和氮的总量有所不同，但是因为微生物摄取的基本上是溶解后的养分，所以对有机废弃物水溶解后的碳氮比进行应用更为准确[31]。

即便是碳氮比较高的原料，少许也会发酵，在发酵过程中碳部分变成二氧化碳并挥发，碳氮比就会变低。相反，即便碳氮比较低的原料，发酵过程中产生氨气并且挥发，碳氮比就会变高。

为了提高有机废物堆肥的品质，对于碳氮比较高的原料，混入氮含量较高的畜禽粪便、排水污泥、人粪尿等调节其碳氮比很重要。另外，添加硫酸铵或者氯化铵等也是调节较高碳氮比原料的重要方法之一。

2. 堆肥原料颗粒大小 有机废弃物堆肥化发酵是在其固体表面并附着水的情况下进行的。有机废弃物的颗粒越小，发酵的面积就越大，发酵的速度就越快。但是过分细小颗粒也会影响堆肥设施的强制送风从而影响发酵速度。城市有机生活垃圾堆肥一般是破碎至20～50毫米较为适当。

3. 氧气浓度 在堆肥设施中，最应该进行控制的是堆肥过程中的送风量。强制送风的第一目的就是保持发酵过程中的好氧状态，从而保持高发酵速度[32]。发酵过程中氧气的浓度越高，发酵反应就越快。但是为了提高氧气浓度过分强制送风，就会降低有机废弃物原料的温度，反而会降低发酵速度。在实际的堆肥设施操作中，一般保持10%以上氧气浓度的送风量[33]。

4. **发酵温度**　有机废弃物堆肥过程中温度上升是最明显的变化，温度上升主要有以下效果：①杀死有害生物种子及病毒因子；②提高发酵速度；③加速水分蒸发。

其中，杀死有害生物种子及病毒因子需要一定的高温时间，根据美国国家环境保护署（EPA）的基准，堆肥发酵过程中杀死有害微生物，需要55℃以上的温度并且持续3天时间。

一般情况下，温度越高，化学反应就越快，生物起到关键作用的堆肥化发酵过程也同样。但是在有氧气参与的生物堆肥发酵反应中，达到一定的温度发酵反应加快，但是温度超过一定的数值发酵反应反而减慢，而且肥料成分也会和氨气一样挥发。众多研究表明，堆肥化反应速度最大的温度范围在55～60℃。Finstein等主张[34]，发酵温度超过60℃，堆肥原料中的生物活动急速下降。另外，Bae对微生物数量增加影响发酵速度的测定显示[35]，发酵温度到60℃以上明显阻碍微生物的增殖活性。

综上所述，有机废弃物堆肥温度在60℃以内，随温度上升发酵反应加快，超过60℃发酵反应减缓。为了堆肥发酵过程中杀死有害微生物，维持较高的发酵温度很重要，维持发酵温度在55～60℃的设计最合适。这个温度的水的饱和蒸汽压呈现高值，水分蒸发也会较快。另外，在堆肥发酵设施的设计中，发酵过程的散热增减平衡控制也非常重要。

5. **菌种**　堆肥化反应就是生物反应，堆肥原料中微生物的存在是发生生物反应的主要原因。所谓菌种，就是指在堆肥原料中添加微生物，使堆肥化反应加快。

堆肥化反应是在微生物的活动下进行的，没有必要添加特殊的酵素和微生物。特别是连续式或半连续式的发酵槽，槽内有半熟的堆肥时就会有大量的微生物存在，在这种情况下菌种的效果就不大也没有必要进行添加。但是发酵微生物几乎不存在的原料在发酵槽中进行堆肥化时，添加菌种促使其发酵就很有必要。在这种情况下也不是说添加菌种的量越多发酵越好。

有关菌种的种类，Golueke[36]分别利用马粪、半分解有机物质及商品菌种加入城市有机生活垃圾促进堆肥发酵，试验结果表明堆肥发酵过程中有机废弃物的分解速度和温度上升没有明显的变化。

完全成熟的堆肥加入堆肥原料中进行发酵，完全成熟的堆肥就相当于菌种。这样的堆肥方法不但可以改善原料中的 pH，还具有吸收原料臭气的效果。

本章总结

本章主要对有机废弃物堆肥资源化的意义、有机废弃物堆肥资源化的基本技术及影响有机废弃物堆肥发酵的各种因素进行整理总结。有机废弃物堆肥化处理是指把有机废弃物中的有机质及各种养分进行控制并且达到一定的标准，制造成容易储存和流通而对土壤施用无不良影响，能够达到土壤改良和提供一定养分的分解物。有机废弃物直接进行施用会对土壤造成危害。因此，有机废弃物经过发酵等堆肥化处理过程后进行有效利用非常必要。

有机废弃物的堆肥资源化利用不但能减轻污染，而且能起到养分供给和土壤改良剂两种作用。有机废弃物堆肥的施用已有上千年的历史，堆肥方法从最初的户外堆肥法，逐渐发展到现代的各种发酵槽堆肥法，堆肥发酵槽的设计技术在世界范围内也不断地进行着革新。另外，随着各国有机废弃物堆肥资源化利用的扩大，影响堆肥发酵速度各种因素的研究也达到较高水平并得到了有效的应用。

第三章

堆肥发酵槽的设计及配套装置

第一节　有机废弃物堆肥发酵槽的设计

一、有机废弃物发酵滞留时间

1. **滞留时间记录**　堆肥原料的总量在发酵过程中逐渐减少。即使不是连续投放原料式的一次性发酵槽，对原料在发酵槽中的时间进行记录也很有必要。对于较为复杂的连续投放原料式的发酵槽，对原料的滞留时间及发生的各种变化进行以下四个方面的记录很重要。

(1) 实际滞留时间（发酵时间）。实际滞留时间是指从原料投入到发酵完成的时间。

(2) 原料流入基准的滞留时间。连续投放原料式发酵一般采取槽上部设置连续原料投放口，下部设置堆肥制品流出口。原料流入基准的滞留时间理论上低于实际滞留时间，因此，可根据发酵时间的记录对连续投放量的多少进行调节。

(3) 堆肥制品流出基准的滞留时间。堆肥制品流出基准的滞留时间一般高于实际滞留时间。

(4) 原料和制品的平均滞留时间。它是指原料流入基准的滞留时间和堆肥制品流出基准的滞留时间的平均时间。

2. 滞留时间的设定 堆肥原料在发酵槽内的滞留时间是指通过发酵达到所需堆肥品质的时间。但是在实际的操作中，由于堆肥制品的品质没有过于严格的规定，通常根据经验决定不同原料在发酵槽中的滞留时间。

堆肥原料在发酵槽内的滞留时间根据发酵槽的设计存在差异，一般在 5～14 天范围内。通常，技术设计先进、造价较高的发酵槽滞留时间较短，经济型的发酵槽滞留时间就较长。因此，根据成本的计算选择发酵槽的设计很有必要[37]。

二、堆肥槽的送气

1. 送气方向 堆肥过程中对原料进行送气，主要有对原料进行低于大气压的吸引式送气和高于大气压的压力式送气。堆肥原料从上向下移动的发酵槽，吸引式送气的流向和原料的移动方向形成并流，压力式送气则形成反流。另外，如果堆肥原料在卧式发酵槽内平行移动的情况下，无论是吸引式送气或者是压力式送气，送气的流向和原料的移动方向均形成“十”字流向。

吸引式送气法不但空气遗失少，而且脱臭效果较好。但是通过鼓风机的气体含有堆肥原料中的腐蚀性物质，因此，吸引式送气发酵槽的设计中，鼓风机的制作材料须选择耐腐蚀材料。压力式送气法中，鼓风机送风时通过的是新鲜空气，所以鼓风机不存在材料选择问题，但是由于压力式送气法处理臭气的效果差，因此，具有脱臭效果的鼓风机设计很有必要。

吸引式送气的流向和原料的移动方向形成并流，相对压力式送气的反流更容易充分接触新鲜空气。但是吸引式送气相对压力式送气更容易接触到冷空气，从而降低堆肥发酵速度，因此，吸引式送气法和压力式送气法各有利弊。

2. **送气量** 堆肥发酵反应初期对氧气需求量最大，发酵后期对氧气的需求量逐渐减小。如果堆肥过程中送气量过小，导致氧气量过少，就会形成厌氧状态从而阻碍发酵反应，而且会产生有机酸而降低 pH，逐渐降低发酵速度。相反，如果送气量过大，发酵产生的热量就会大量排出，降低堆肥的温度同样影响发酵速度。因此，送气量的大小主要由以下两个条件决定，即保持堆肥原料的好氧状态和冷却堆肥原料保持适当的温度。

发酵过程中需要大量氧气的堆肥原料，单位原料所需求的送气量约 0.02 米^3/(千克·时) 时才能保持好氧状态。如果利用间隔式鼓风机送气就要根据前期试验结果确定启动和停止的时间。鼓风机的功率选择方面，选用具有气体需求量 2 倍左右送气能力的比较合适。另外，研究表明含水率 50%～60%和温度 55～60℃时堆肥发酵反应速度最快，因此，具有冷却功能的送风量就很有必要[38]。

三、堆肥返送及材料添加[13]

1. **堆肥返送** 所谓堆肥的返送，就是发酵槽中发酵完成的堆肥，一部分再通过发酵槽进口返回至发酵槽。返送回发酵槽的目的主要有原料水分调节、空隙调整、菌种、pH 调节和抑制臭气等。

(1) 水分调节。发酵完成的堆肥含水率低于堆肥原料，因此，部分返送回发酵槽内和原料混合具有水分调节作用。发酵反应最适合的水分含有率为50%～60%。

（2）菌种。无论连续式发酵槽和半连续式发酵槽，槽中堆肥原料存在大量的微生物。加入发酵完成的堆肥就会起到菌种促进发酵的作用，并且发酵完成时间也会较少。1%的堆肥返回发酵槽也会出现明显加快发酵的效果，但即使是达到原料的10%以上堆肥返回效果也不会发生很大的变化。

（3）pH调节。发酵后期产生氨气，pH升高，堆肥容易产生有机酸，在容易产生有机酸的发酵槽入口处返回发酵完成的堆肥就会起到很好的改善作用。混入发酵完成堆肥的混合物料pH的准确计算较为困难，因此，根据混入堆肥后对pH的实际测试决定返回量的多少。

（4）抑制臭气。发酵完成的堆肥返回发酵槽就会起到吸附臭气的作用，返回量越多抑制臭气的效果就越明显，但是最合适的返回量还没有具体的依据。

2. 材料添加　对畜禽粪便和排水污泥等含水率较高的原料进行堆肥化处理时，为改变其形状需要加入膨化材料、吸湿材料和碳素材料等。比如各种秸秆、木屑、纸屑等多具有较好的吸水性。

四、发酵过程翻动及发酵中的各种测定

1. 堆肥发酵过程翻动　堆肥发酵过程的翻动具有混合、破碎、空气接触和保持空隙等效果。如果原料较为均衡、发酵槽内能保持好氧状态，堆肥发酵过程不需要进行原料翻动。但是一般情况下，适度对堆肥进行机械翻动的发酵效果更理想。

静置堆放的发酵法，堆积层外部和内部的温差非常显著。这

种情况下进行翻动，使外部的原料进入内部的高温部分，具有杀死外部低温原料中病原微生物的效果。另外，翻动可以使外部的氧气充分进入堆肥内部，也起到防止内部高温形成的作用，从而提高发酵速度。

机械翻动的形式可根据发酵槽的形态进行设计。机械翻动还兼备有原料的输送功能。机械式翻动机的形式很多，比如旋桨式、螺旋式、回转式和搅拌式等。

使原料之间的空隙逐渐变大、对原料进行较好的混合等是设计翻动装置所追求的性能。另外，堆肥的翻动装置接触的原料是柔软、坚硬、酸性或碱性等的各种复杂物质，因此，为了翻动装置更具有坚固性，设计时对其耐磨损性和耐腐蚀性的考虑非常重要。

2. 堆肥过程的各种指标测定、控制及保温 在堆肥过程中，为进行有效控制，需要测定的指标主要包括温度、氧气浓度、二氧化碳浓度、pH、水分等。这些指标均可以通过工业仪表进行测定，其中，温度必须测定，氧气浓度和二氧化碳浓度的测定也很重要。pH 和水分的测定虽然不是必须测定指标，如果条件允许其测定数据也会起到较好的参考作用。

根据以上的测定指标，对通气量、堆肥返送回发酵槽量、原料添加量及水分添加量进行及时调整，从而确保正常的堆肥发酵。

（1）发酵温度。发酵温度是堆肥发酵进行程度的重要表现指标。温度上升说明发酵反应速度快，原料中的有害生物就容易被杀死。杀死原料中有害生物的温度在 55℃以上，但过高的发酵温度会产生大量的氨气影响发酵速度，因此，理想的发酵温度一般在 55～60℃，不但能杀菌杀卵，而且能保持较高的发酵速度。

控制发酵温度的方法主要依靠送气速度，根据温度的高低对送气量及送气速度进行调整。

(2) 氧气浓度。好氧堆肥法的发酵反应中，堆肥层内的氧气浓度越高，发酵速度就越快。为了提高发酵槽内的氧气浓度需不断进行送气，但大量的送气又会降低槽内温度减缓发酵速度。氧气浓度在10%～15%及以上会达到较好的发酵效果，因此，对氧气浓度进行测定，不断调整送气量很有必要。

(3) pH。pH为5时堆肥发酵反应呈现停止状态，随着pH的提高，堆肥发酵反应加快，当pH提高至10以上时发酵速度明显减小。不同原料的pH存在差异，发酵的不断进行也会改变pH。因此，对pH进行测定，调整pH达到较高的发酵速度很重要。

(4) 含水率。达到堆肥发酵反应最大化的含水率，一般原料为50%～55%，含水率的极限约70%。含水率的监测对象一般为含水率较低的原料，通过测定调整其含水率提高发酵速度很有必要。

(5) 保温。对比内容积发酵槽，小型发酵槽的表面积较大。因此，小型发酵槽的发酵过程中热挥发量就非常大，原料的温度上升就较慢。和大型发酵槽对比，小型发酵槽的发酵状态就容易不稳定。所以在小型发酵槽的设计中，充分利用保温技术和使用保温材料很重要，比如使用较为便宜的泡沫材料。

第二节　有机废弃物堆肥设施的配套装置

一、后期发酵装置

堆肥原料中容易分解的物质在发酵槽中得到了分解，但出槽后的堆肥中仍含有未完全分解的物质，因此，就需要进行后期发酵。后期发酵主要方式有堆放式和槽式等。

后期发酵时间一般根据堆肥的腐熟度和堆肥制品的品质要求确定，比如果树和一些蘑菇的栽培就需要半熟的堆肥，因此基本不需要后期发酵；农田施用就需要完熟的堆肥，要求堆肥中纤维素等发酵速度较慢的有机物质也能完全分解。纤维素分解菌在高温中不能增殖，在发酵槽高温发酵中纤维素基本没有发酵完成，因此，在后期发酵中对其进行分解很必要。

资料显示，排水污泥的堆肥化一般会添加秸秆等物料，这些秸秆基本在 10～14 天已经发酵完成，但是后期发酵还需要 50～70 天时间[13]，在堆肥发酵后的 23 天开始，增加纤维素酶。

根据以上叙述，为了得到完熟的堆肥，经发酵槽发酵完成后，还需经过后期发酵。在一些降雨较少的国家和地区，室外后期发酵槽的设计情况较为常见。另外，后期发酵的堆肥翻动次数无须过于频繁，一般情况 3 天翻动 1 次即可。

二、破碎机

破碎机是具有破碎功能的机械，一般设置在传送带和堆肥原料仓连接处。破碎堆肥原料，不仅能促进堆肥发酵，还能一定减少原料的臭气。破碎机也是城市有机废弃物堆肥化的基础装置。

在利用排水污泥进行堆肥时，为了有利于运输需要进行脱水处理，脱水后的排水污泥一般呈较为坚硬的板状，所以在堆肥化前进行破碎也很有必要。

破碎机的种类较多，比如往复型和回转型剪断式、重击碾压式、横形和竖形的软破碎式等。剪断式破碎机对树枝和秸秆等剪断效果较好；在对高含水率原料进行堆肥化时，对吸水性材料的破碎也需要使用剪断式破碎机。重击碾压式破碎机主要是破碎原料中较坚硬的物质，在破碎过程中具有震动较强烈和噪声较大的特点，因此，必须具有防噪声和防爆设计。如果通过破碎机把原料中的塑料和碎玻璃更细小化，后期的异物筛选就更加困难。在这种情况下就不能使用力量过大的破碎机，城市有机生活垃圾专用的软破碎机就非常适用，软破碎机又被认为是一种筛选装置。

三、筛选装置

有机废弃物堆肥化设施中还有一个重要的设计就是筛选装置的设置。筛选装置能控制堆肥制品的品质，并关系到堆肥化设施整体的优良程度。

筛选装置的原理是根据物品性质不同进行筛选，比如强度、密度、弹性、磁性和静电等。对于城市有机生活垃圾堆肥化，技术筛选最困难的是碎玻璃。堆肥制品如果混有碎玻璃，在施用中不但会影响农产品的质量，而且还存在一定危险。除碎玻璃以外，小塑料片、一次性木筷子、烟头、过滤嘴、毛发等的混入，堆肥外观也会受到严重影响，而且目前的技术对以上物品的筛选还处于未成熟阶段。因此，对于防止以上物质的混入，生活垃圾的精细分类是重点。

另外，经济可行的重金属类去除技术还不存在。重金属存在于金属物质和塑料物质中，所以也应该在分类阶段尽可能地减少此类物质在堆肥原料中出现，或者是在堆肥发酵前期去除。重金属不接触水，溶解的机会下降，这种情况下堆肥制品的重金属浓度就会下降。

四、脱臭装置

1. 堆肥化设施的臭气 臭气浓度即使是提高10倍，人类对其的感觉也只是一点变化；臭气物质就是去除90%，人类对其的感觉也不怎么发生改变。这就是有机废弃物堆肥化设施臭气去除困难的原因所在。

有机废弃物堆肥化设施中产生的臭气是二氧化碳浓度高、氨气浓度高的高温高湿气体，并且是含有甲烷、甲基硫化物等的多成分气体。另外，如果堆肥发酵不理想，就会产生有机酸的独特臭气。

2. 臭气去除法 臭气去除方法主要有液体清洗、药品酸化、燃烧、土壤吸附和活性炭吸附等。堆肥化设施中常用的应对臭气的方法主要有稀释法、遮掩法（芳香物质喷雾等）、密闭法（臭气源隔断）等，其中最有效果的是密闭法。对臭气发生区域采取密闭容器隔断，尽可能地对堆肥设施整体采取和外界隔断的设计，对部分散发出的臭气进行脱臭处理，是较为经济的方法。在原料入口设置气帘和快速开关门，同时对设施内部采取负压设计，就尽可能避免了臭气向外部散发。

五、其他配套装置

1. 除尘装置 堆肥设施内容易漂浮细小的灰尘，这些灰尘中含有各种细菌。为了保持良好的工作环境，堆肥设施需进行一定的密封构造设计并且采取内部负压设置，灰尘就不容易飘出。另外，设置除尘装置也很有必要。堆肥设施设置湿式吸尘器和袋式吸尘器较为常见。

2. 筛选杂质处理装置　城市有机生活垃圾堆肥化时，须对筛选出的杂质进行处理，一般采取焚烧、压缩固化和直接填埋处理等方式。城市有机生活垃圾中筛选出的塑料含有率较高，所以对其单独焚烧处理的情况下，焚烧炉需采用高温设计。另外，筛选出的金属物质需要进行压缩成型从而方便运输和搬运，因此，金属压缩装置的设置也很有必要。

3. 堆肥造粒装置　对堆肥制品进行造粒的目的主要是提高其储藏性、通气性和方便施用性。堆肥的造粒装置一般有圆盘式、滚筒式和压缩成型式等，可根据需求制作成实用的颗粒形状。一般的堆肥颗粒直径 1.5～10 毫米、含水率 30%～40%较为普遍。因为堆肥造粒提高了施用效率和价值，所以一般的堆肥设施都会设置造粒装置。

4. 混合装置　堆肥设施中混合装置主要有污泥和膨化及吸水性材料混合、污泥和城市有机生活垃圾混合、原料和堆肥混合、园艺堆肥和肥效添加混合剂等目的。堆肥混合装置主要有螺旋式和叶轮式等。

5. 其他装置　堆肥设施内除以上必需装置以外，堆肥原料及堆肥制品的传送装置、堆肥设施内的小型搬运车辆以及搬入原料和搬出堆肥制品的计量装置等也很有必要。

第三节　有机废弃物堆肥化设施基本计划和堆肥质量

一、有机废弃物堆肥需求量和生产量的计算

有机废弃物堆肥化设施可以被称为废弃物处理设施，同时，

由于具有生产产品的能力，又被称为生产设施。作为生产设施，对其产品需求量的掌握就很有必要。另外，以区域为单位的有机废弃物资源化利用探讨中，对计划区域的有机废弃物产生量及堆肥供给量的把握也是决定堆肥化设施可行与否的重要依据之一。

1. **需求量** 堆肥制品的主要用途为土地。不同的有机废弃物堆肥，其用途存在差异，本书第一章论述了各种有机废弃物堆肥的原料，其中主要包括农业有机废弃物、城市有机生活垃圾及粪尿、排水污泥等。农业有机废弃物主要包括畜禽粪便和秸秆，畜禽粪便和秸秆堆肥适合各种农田和绿地使用。城市有机生活垃圾堆肥一般适用于苗圃、育林、家庭种植、果园种植、公园绿化等。粪尿、排水污泥堆肥的使用范围规范更为严格，第一章的论述中以英国为例对其使用规范进行了说明，详见第一章的表 1-1 安全污泥使用一览表。

在以区域为单位的有机废弃物堆肥设施计划中，堆肥制品在该区域内各种使用目的的潜在需求量是设施计划的基本参考依据。不同使用目的的堆肥施用标准不同，潜在需求量一般是根据年或月施用标准进行计算。潜在需求量是指理论上的最大需求量，和实际需求量存在一定的差异。

2. **生产量** 有机废弃物经过发酵、干燥等过程制成符合国家标准的堆肥。有机废弃物在转换为堆肥的过程中出现重量的减少，本书把堆肥重量和有机废弃物重量的比值定义为堆肥率。各种有机废弃物含水率不同，因此，堆肥率也存在差异。在以区域为单位的有机废弃物堆肥化设施计划中，有机废弃物堆肥生产量的计算也可以理解为区域根据需求量计划生产堆肥的供给量。生产量根据各种有机废弃物产生量乘以不同的堆肥率计算得出。

二、堆肥质量

1. 堆肥产品的质量标准　经常使用有机废弃物堆肥制品的人们通过外观、颜色、粒度和手的感触立刻可以对其进行基本判断。但是这种主观的判断方法并不能测定堆肥质量的实际情况。以下根据文献对有机废弃物的质量标准进行论述[13]。

有机废弃物堆肥制品的品质指标主要由腐熟度、夹杂物量、化学性质、土壤中的分解性、肥料成分含有量、有害物质含量及施用作物的生长性等多方面组成。

腐熟度的评价指标主要由氧气消耗速度、氨氮和硝酸氮的比重、盐基置换容量、腐殖质含有量及堆肥的颜色等组成。

城市有机生活垃圾堆肥化生产中，夹杂物是主要问题。化学性质中，碳氮比和腐熟度都是会影响到堆肥在土壤中分解的重要指标。另外，堆肥的 pH 不但关系到施用土壤的性质，也会影响到各种指标的调整。

肥料成分主要是指氮、磷、钾的含量。虽然有机废弃物堆肥中氮、磷、钾的含量较少，但有机废弃物堆肥产品应该有明确的氮、磷、钾含量说明。

有害物质主要是指汞、镉、铅、铬、砷及氰、有机磷等。

施用作物的生长性的重要因子就是堆肥实际施用情况。一般情况下有机废弃物堆肥需经过试验判断施用作物的生长性，简便的幼苗成长试验也较为常用。

2. 堆肥产品的物理化学性质[13]

（1）含水率和 pH。有机废弃物堆肥制品一般含水率在 30%～40%时，不容易产生臭气和灰尘，pH 一般以中性至弱碱性为宜。

(2) 肥料成分。有机废弃物堆肥制品的肥料成分一般是指氮、磷、钾等含量。有机废弃物堆肥在很多国家和地区被称为特殊肥料，我国有机废弃物堆肥肥料成分标准尚未发布。参考日本的案例，各地政府对城市有机生活垃圾堆肥的肥料成分测定值显示，氮含量1.54%～1.91%、磷含量0.26%～0.63%、钾含量0.29%～0.75%。

(3) 堆肥夹杂物。即使是分类收集后的城市有机生活垃圾，也容易夹杂一些碎玻璃、塑料、烟头等。很多国家和地区对有机废弃物堆肥制品夹杂物没有明确规定，但是欧盟化学品数据资料（EC）基准中，对堆肥制品夹杂物中的碎玻璃和塑料分别有规定，并且分级别（最优级、优级、中级、粗制）对夹杂物质的最小值进行规定。

3. 堆肥腐熟度[13]

(1) 氧气消耗速度。为了使有机废弃物堆肥不发生臭气、施入土壤中不消耗过多氧气，必须要求堆肥氧气消耗速度低。随着堆肥腐熟程度的提高，堆肥对氧气的消耗速度就会降低。

(2) 色度。堆肥发酵过程中由于深色腐殖质的生成，堆肥的颜色由黄褐色经过红褐色的变化逐渐变为腐熟的黑褐色。

4. 堆肥的有害物质[13]

(1) 堆肥产品中的有害物质。有机废弃物堆肥制品中，有害物质主要是指汞、镉、铅、铬、砷及氰、有机磷等。以废弃物为原料的堆肥化生产中，以上多种有害物质容易混入，而且在堆肥化过程中有害物质的去除较为困难。因此，有害物质指标由世界各国对有机废弃物堆肥的有害物质的容忍含量和堆肥施用标准决定，超过有害物质基准的堆肥不允许施用。

（2）防止土壤中重金属积累。由于有机废弃物堆肥制品各种重金属物质容易混入，堆肥化过程重金属物质去除困难。施用堆肥后土壤重金属积累，就存在转移到作物的可能性，通过食物链就有可能使人畜受害。因此，施用重金属含量基准以内的堆肥也必须要防止其在土壤中的积累。世界各国对土壤中各种重金属含量标准都有严格的规定。

本章总结

本章主要对有机废弃物堆肥发酵槽的设计、配套装置、堆肥设施计划和堆肥质量等方面进行整理总结。在发酵槽的设计中，堆肥原料在发酵槽中的发酵滞留时间、发酵槽内的送风、堆肥辅助材料添加、发酵过程中的翻动及各种指标的测定等都是有机废弃物堆肥发酵槽的设计关键所在。另外，完整的有机废弃物堆肥生产设施中各种配套装置不可缺少，如后期发酵的配套装置，堆肥原料的输送装置及破碎装置，夹杂物筛选装置，堆肥脱臭装置及除尘、杂质处理装置，以及原料混合和堆肥造粒等。此外，在区域有机废弃物堆肥计划中，对堆肥产品在一定区域内的需求量的掌握很有必要。以区域为单位的有机废弃物资源化利用探讨中，对区域的有机废弃物产生量及其转化为堆肥的生产量（供给量）的把握也是决定计划规模和设施可行与否的重要依据之一。有机废弃物堆肥的生产质量也是评价资源化成功与否的重要依据之一，堆肥质量的评价中，堆肥的腐熟度、夹杂物量、化学性质、土壤中的分解性、肥料成分含有量、有害物质含量及施用作物的生长性等都是重要的指标。

第四章

区域有机生活垃圾堆肥绿化利用的需求供给分析模型的构成

第一节　有机废弃物堆肥资源化研究进展

1973 年，保罗·帕尔默首次使用了无废（zero waste）一词，直至 20 世纪 90 年代后期，这一理念才受到社会各界的广泛关注。无废理念的核心是对废弃物价值的重新定义，需要意识到废弃物是潜在的资源[39]。近年来，欧美国家等不断地通过颁布政策法案减少垃圾卫生填埋量和焚烧量[40]。减少垃圾填埋和焚烧的最有效办法是源头减量和再生资源化利用。焚烧垃圾中，有机物质占有较高的比率，因此，世界各国对这些有机物质的再生利用不断地进行科学研究。垃圾的分类收集不仅有利于焚烧处理和卫生填埋[41]，更重要的是有利于再生资源化利用[42]。日本是垃圾分类和再生资源化利用较为先进的国家之一，1970 年制定了第一部有关垃圾分类收集的法律，并开始实施垃圾分类[43]。日本在提高有机生活垃圾的堆肥资源化利用方面，首先不断研究开发高速堆肥技术，同时重点对堆肥资源化的实用性和经济性等进行分析论证[44-45]，并且得到了地方自治体的有效应用[46]。从文献和日本环境省《垃圾分类及发生处理状况》等资料[47-48]中可计算出，日本部分区域的有机生活垃圾堆肥资源化利用率在90%以上。

近年来，我国在有机废弃物（城市有机生活垃圾和农业有机废弃物）堆肥技术[49-50]、有机生活垃圾堆肥的土壤应用技术[51]、环境影响对策[52]和城市垃圾的污染处理技术[53-54]及垃圾综合处理工艺[55]等领域的研究已达到较高水平。在有机生活垃圾的堆肥再生资源化利用对策的探讨中，首先研究处理技术[56]。在技术允许的条件下，再生资源化物质的需求与供给可能性和对策的经济性等探究也是促进其有效利用的重要科学方法。目前，我国垃圾分类还处于摸索阶段，这也是有关区域性有机生活垃圾堆肥资源化利用领域的研究相对缺乏的主要原因之一。

近年，随着中国经济高度发展和居民消费水平的提高，生活垃圾的品种和产生量都呈现迅速增长趋势[57]，也呈现出处理及再生资源化利用等系列问题。当前生活垃圾的处理问题已经与我国的经济高度发展不相匹配。将生活垃圾合理地进行分类[58]，合理地进行再生资源化利用[59]，逐步形成可持续发展的循环型社会值得期待。

第二节　区域有机生活垃圾资源化的研究意义

2018 年 12 月，国务院办公厅印发《“无废城市”建设试点工作方案》。方案指出，“无废城市”是以创新、协调、绿色、形成、共享的新发展理念为引领，通过推动形成绿色发展方式和生活方式，持续推进固体废弃物源头减量和资源化利用，最大程度减少填埋量，将固体废弃物环境影响降至最低的城市发展模式[60]。目前，我国城市生活垃圾无害化处理57.22%依靠卫生填埋、40.24%被焚烧[61]，再生资源化利用在生活垃圾处理中仍处于所占比例较低的状态。垃圾焚烧产生一定的污染物质，卫生填埋处理同样出现一定的漏水、漏气等环境问题。厨余垃圾是城市垃圾的重要组成部分[62]，城市生活垃圾的有机物质主要由厨余垃圾构成，所以又称为有机生活垃圾。随着我国垃圾分类的逐步实施，对有机生活垃圾的再生资源化利用对策的探索已成为目前重要的课题之一。

2016年12月，习近平总书记提出“垃圾分类是重要民生工程”。2017年3月，国务院办公厅转发国家发展和改革委员会、住房和城乡建设部的《生活垃圾分类制度实施方案》[63]，方案指出至2020年，直辖市、省会城市、计划单列市和首批垃圾分类示范城市需要全面实施垃圾分类收集。2019年6月，我国住房和城乡建设部等9部门印发《关于在全国地级及以上城市全面开展生活垃圾分类工作的通知》[64]，指出2025年末前，全国地级及以上城市将基本建成生活垃圾分类处理系统。我国垃圾分类的实施将为有机生活垃圾的再生资源化利用带来新的契机，促进有机生活垃圾的再生资源化利用，逐步减少垃圾焚烧和卫生填埋所带来的系列环境污染问题，对保护生态环境和推动绿色发展都具有重要意义。

有机生活垃圾的组成及品质存在差异[65]，对其进行再生资源化利用时，不同需求的利用效率会出现很大的差别。有机生活垃圾主要有堆肥化和发酵制沼气等再生资源化利用对策[66]。城市有机生活垃圾存在有机成分不稳定和大规模搬运困难等不利因素[67]，因此，发酵制沼气存在较大难度。另外，城市有机生活垃圾堆肥在农业利用中，同样存在养分不固定和运输范围的经济性等问题[68]，进行广域农业施用难度较大。

本书认为，城市有机生活垃圾集中堆肥化且在区域内进行绿化（包括公园、草坪、育林、苗圃等）利用，是高效的、经济的集约型再生资源化利用方法，而且具有较高的学术研究及应用价值。我国有关有机生活垃圾堆肥的早期研究对推动其再生资源化的贡献有目共睹。但是垃圾资源化利用对策是否成功，还取决于资源化物质是否可以进行有效利用。成功的有机生活垃圾堆肥有效利用，首先在于对需求的挖掘和对供给可能性的掌握。其次，堆肥资源化系统和现有垃圾焚烧等处理系统的经济性比较也是决定其是否成立的主要科学依据。

在区域有机生活垃圾堆肥的实际利用中，对一定区域内的有机生活垃圾堆肥需求和供给可能性的分析是提高其有效利用的科学手段[69]。因此，以区域为单位的有机生活垃圾堆肥需求供给平衡分析模型的构成，对提高各级行政区域的有机生活垃圾堆肥的有效利用及废弃物资源化等方面都非常重要[70]。本书提出区域有机生活垃圾堆肥绿化利用的集约型处理方法，以有机生活垃圾集中堆肥化并进行区域绿化利用的讨论为中心，对研究区域的有机生活垃圾堆肥绿化利用的需求与供给、需求供给平衡进行探究，为研究区域有机生活垃圾的集约型资源化利用提供有效科学依据。

第三节　有机生活垃圾堆肥需求供给平衡分析模型

一、分析方法

首先，对区域绿化堆肥利用的潜在需求量（理论最大需求量）、有机生活垃圾转化为堆肥的潜在供给量（理论最大供给量）进行计算；然后，对堆肥需求供给平衡进行分析，实现堆肥资源化利用实施的经济性评价模式化；最后，对研究区域有机生活垃圾堆肥绿化利用的需求与供给可能性、需求供给平衡进行探讨。具体实施方法如下：

通过实地调研和数据收集等方法，掌握研究区域各绿化种类面积、生活垃圾产生量和有机生活垃圾含有率。通过文献梳理分析，确定各绿化种类的堆肥施用基准及有机生活垃圾堆肥率。

根据研究区域各绿化种类及种植面积和有机生活垃圾堆肥施用基准，计算出绿化对堆肥的潜在需求量。根据研究区域的生活垃圾产生量、有机垃圾的含有率及堆肥率，计算出有机生活垃圾堆肥的潜在供给量。根据以上计算结果，对有机生活垃圾堆肥绿化利用的需求供给平衡进行定量分析，明确研究区域堆肥绿化有效利用的可能性。区域生活垃圾堆肥绿化利用分析模型如图 4－1 所示。

二、地域的分类

中国的行政区域划分，以省（自治区、直辖市）、地市、县（市、区）等三级编制单位进行。我国一般依据省、直辖市、自

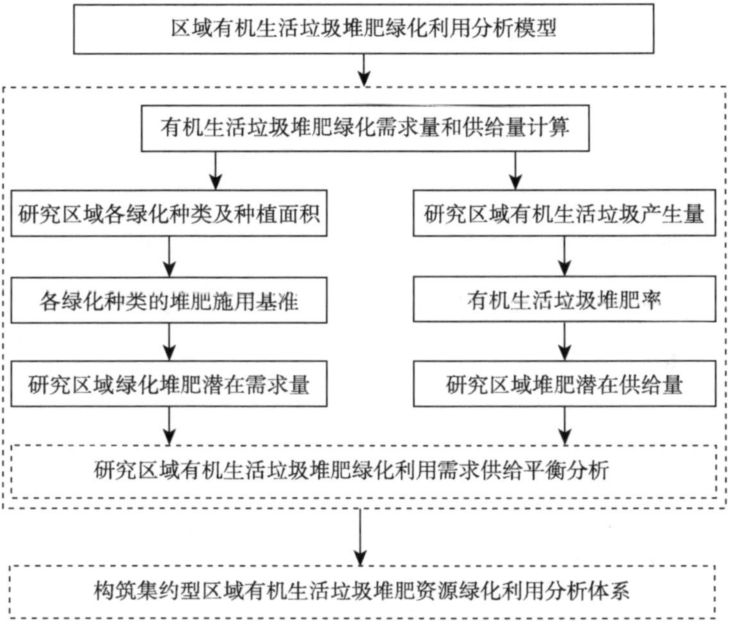

图 4－1　区域有机生活垃圾堆肥绿化利用分析模型

治区的特点进行环境计划的制定。本书假定以省、直辖市、自治区为单位进行有机生活垃圾堆肥资源化利用。以各单位内的下级行政区域，地市、县（市、区）为研究对象，进行有机生活垃圾堆肥绿化利用的需求供给平衡分析。

三、堆肥潜在需求量和潜在供给量的推算

1. 堆肥潜在需求量　绿化对堆肥的潜在需求量是根据绿化面积和有机生活垃圾堆肥施用标准计算而出。本书根据式（4－1）对研究对象地区的堆肥潜在需求量进行计算。

$$D_i = A_i \times B_n \tag{4-1}$$

式中：D_i 为堆肥潜在需求量，吨/年；A_i 为绿化面积，公顷；B_n 为绿化的施肥标准，吨/(公顷・年)；n 为各种绿化品种；i 为各区域。

式（4-1）中，研究对象各区域各绿化品种的种植面积 A 依据各研究区域的统计年鉴及调研结果，各绿化种类的施肥标准（湿基准）B 参考文献约为 20 吨/(公顷・年)[71]。

2. 有机生活垃圾堆肥潜在供给量

（1）有机生活垃圾产生量的计算。研究对象各研究区域有机生活垃圾产生量根据式（4-2）进行计算，即各区域人口数量 E_i 乘以人均垃圾产生量 W 再乘有机生活垃圾含有率 N 再乘时间，计算出各区域有机生活垃圾产生量 C_i。

$$C_i=(E_i\times W\times N)\times 365 \tag{4-2}$$

式中：C_i 为有机生活垃圾产生量，吨/年；E_i 为人口数量；W 为人均垃圾产生量，千克/天；N 为有机生活垃圾含有率；i 为各区域。

式（4-2）中，各区域人口 E_i 参考各研究区域的统计年鉴，人均垃圾产生量 W 参考文献约为 1.1 千克/天[72-73]，有机生活垃圾的含有率 N 参考文献约为 40%[4]。

（2）有机生活垃圾堆肥潜在供给量的计算。各区域有机生活垃圾产生量 C_i 乘以有机生活垃圾的堆肥率 H，计算出研究对象地区的有机生活垃圾堆肥潜在供给量 G_i，见式（4-3）：

$$G_i=C_i\times H \tag{4-3}$$

式中：G_i 为有机生活垃圾堆肥的潜在供给量，吨/年；C_i 为有机生活垃圾产生量，吨/年；H 为有机生活垃圾的堆肥率；i 为各区域。

式（4－3）中，各区域有机生活垃圾产生量根据式（4－2）的计算结果，有机生活垃圾的堆肥率 H 参考文献约为 30%[4]。

本章总结

为促进有机生活垃圾堆肥的效率化利用，以区域为单位的有机生活垃圾堆肥的潜在需求量和潜在供给量的把握及需求供给平衡的分析非常重要。根据区域绿化堆肥潜在需求量和有机生活垃圾堆肥潜在供给量的计算公式，分别可对各研究对象区域的有机生活堆肥的潜在需求量和潜在供给量及需供比（潜在需求量/潜在供给量）进行计算，并对需求供给平衡进行分析。另外，本研究模型也可根据各研究对象的特点对特定研究地区的组合进行考察分析，逐步构筑集约型区域有机生活垃圾堆肥再生资源化利用评价体系，并推广应用。本研究的完成对促进我国生活垃圾再生资源化利用意义重大。

第五章

河南省各地区有机生活垃圾堆肥绿化利用需求供给平衡分析

本章假定河南省的 17 个地级市内的各市区、县级市、县及 1 个省直辖市进行有机生活垃圾堆肥绿化利用，根据第四章区域有机生活垃圾堆肥需求供给平衡分析模型，分别对以上各研究对象区域内绿化对堆肥的潜在需求量进行推算，对各研究对象区域内的有机生活垃圾的产生量进行调查估算，并对其转换为堆肥的潜在供给量进行计算，最后对研究对象有机生活垃圾堆肥绿化利用的需求和供给平衡及绿化利用可能性进行定量分析，为河南省各地区有机生活垃圾堆肥的有效利用提供科学依据。

各研究对象区域有机生活垃圾堆肥潜在供给量，根据人口数量、人均垃圾生活产生量、有机生活垃圾含有率和有机生活垃圾的堆肥率计算得出。各区域人口数量依据统计年鉴，人均生活垃圾产生量及有机物质含有率和有机生活垃圾的堆肥率以文献数据为参考依据。

各研究对象区域有机生活垃圾堆肥潜在需求量，根据各研究对象区域各绿化品种的种植面积和各绿化种类的施肥标准计算得出。各研究对象区域各绿化品种的种植面积依据统计年鉴及实地调研结果，各绿化种类的施肥标准（湿基）对文献数据进行参考。在对河南省 17 个地级市内的各市区、县级市、县及 1 个省直辖市的各街道办事处、镇的园林部门及城市管理部门的调研中发现，个别区域仅存在整个区域的绿化面积数据，区、县级市、县及街道办事处、镇的绿化面积数据不详，因此，在以下对河南省 17 个地级市和 1 个省直辖市的有机生活垃圾堆肥绿化利用的需求供给平衡探讨中，个别区域仅对区域整体进行探讨。

第一节　郑 州 市

一、郑州市概要

1. 地理位置　郑州市地处河南省中北部，黄河中下游分界处，介于东经 112°42′—114°14′、北纬 34°16′—34°58′。全市总面积 7 567 千米^2，中心城区城市建成区面积 744.15 千米^2，市域城市建成区面积 1 342.11 千米^2。郑州市与开封市毗邻，南与许昌市和平顶山市相邻，西依中岳嵩山与洛阳市接壤，北临黄河与新乡市、焦作市隔河相望。

2. 气候　郑州市属温带大陆性季风气候，其特点是四季分明。春季干燥少雨多春旱，冷暖多变大风多；夏季比较炎热，降水集中；秋季气候凉爽，时间短促；冬季漫长干冷，雨雪稀少。年平均气温 14.7℃，1 月平均气温 0.5℃，极端最低气温−16.3℃。

3. 地形地貌　郑州市地形比较复杂，总趋势是西南高、东北低。西南部登封市境内的玉寨峰海拔高程 1 512 米；中部低山丘陵区海拔高程一般为 150～300 米；东部平原地势平坦，海拔高程一般小于 100 米，最低处只有 72 米，全市境内高低相差 1 440 米。郑州市地貌横跨中国第二级和第三级地貌台阶。西南部嵩山属于第二级地貌台阶前缘，东部黄淮平原为第三级地貌台阶后部，山地与平原之间的低山丘陵地带，则构成第二级地貌台阶向第三级地貌台阶过渡地区。郑州山区面积 2 375.4 千米^2，占总面积的 31.4%；丘陵区面积 2 256.2 千米^2，占 29.8%；平原区面积 2 879.7 千米^2，占 38.1%。

4. **土壤** 郑州市土壤属于暖温带落叶阔叶林干旱森林草原棕壤褐土地带——豫西北丘陵黄土区。该区因水土流失严重，沟壑纵横，梯田连片，土壤母质多为风积、洪积、黄土母质，还有第四纪红土，质地黏重。丘陵旱薄地分布广泛，少雨易遭旱灾。郑州市土壤面积约 69.56 万公顷，土壤类型有褐土、潮土、风沙土、石质土、新积土、粗骨土、红黏土、紫色土、棕壤土、水稻土等 10 个大类，包括 30 个亚类 53 个土属 110 多个土种。

5. **植被** 郑州市的植被受地形和气候的影响，表现出不同地带的过渡性和高山到平原不同环境的复杂性，因而郑州的植物资源十分丰富。郑州市在植物区系划分上属于暖温带落叶阔叶林植被型，跨 2 个植被区。京汉铁路以东包括中牟县全部、新郑市一部分及市区一部分，属于豫东平原栽培作物植被区；京汉铁路以西属于豫西山地、丘陵、台地落叶阔叶林植被区。

6. **水资源** 郑州市境内有大小河流 124 条，地跨黄河、淮河两大流域。黄河流域包括巩义市、上街区全部，荥阳市、惠济区一部分，金水区一小部分，以及中牟县、新密市、登封市一小部分，面积约 2 011.8 千米^2，占全市总面积的 26.58%。淮河流域包括新郑市、中原区、二七区、管城回族区全部，以及新密市、登封市、荥阳市、中牟县、金水区和惠济区的大部分，面积 5 555.2 千米^2，占全市总面积的 73.42%。全市流域面积较大（≥100 千米^2）的河流有 29 条，其中黄河流域 6 条，淮河流域 23 条。过境河流有黄河、伊洛河。

二、郑州市各研究区域绿化堆肥潜在需求量的计算

1. 郑州市各研究区域绿化面积　郑州市行政区域由 8 个区、2 个开发区、5 个市和 1 个县组成，即金水区、二七区、中原区、管城回族区、惠济区、上街区、郑东新区、航空港区、高新技术开发区（以下简称高新区）、经济技术开发区（以下简称经开区）、巩义市、登封市、荥阳市、新密市、新郑市、中牟县。本研究以郑州市行政区域内的 8 个区、2 个开发区为研究对象，对该研究区域的有机生活垃圾堆肥绿化利用的需求供给平衡进行讨论。根据文献[74-75]和对郑州市园林局及城市管理局的实地调研结果，统计出各研究对象区域 2020 年的绿化面积如表 5－1 所示。郑州市市区总绿化面积约 21 971.4 公顷。其中，绿化面积最大的是郑东新区，约占市区总绿化面积的 18.01%；绿化面积最小的是上街区，约占总绿化面积的 4.52%。

表 5－1　2020 年郑州市各研究区域绿化面积

各区域	绿化面积（公顷）
中原区	2 008.83
二七区	1 942.21
管城回族区	1 934.87
金水区	2 873.08
上街区	992.68

（续）

各区域	绿化面积（公顷）
惠济区	1 942.42
经开区	2 219.08
高新区	1 999.71
郑东新区	3 958.52
航空港区	2 100.00
区域合计	21 971.40

2. 郑州市各研究区域绿化堆肥潜在需求量的计算 根据第四章式（4-1），郑州市各区域绿化面积 A 参照表 5-1，绿地的堆肥施用基准量 B 参考文献约为 20 吨/(公顷·年)[71]，计算出郑州市各区域的绿化堆肥年潜在需求量，计算结果如表 5-2 所示。

表 5-2 郑州市各研究区域绿化堆肥潜在需求量

各区域	堆肥潜在需求量（千吨/年）
中原区	40.18
二七区	38.85
管城回族区	38.70
金水区	57.46
上街区	19.85
惠济区	38.85
经开区	44.38
高新区	39.99
郑东新区	79.17
航空港区	42.00
区域合计	439.43

如表 5-2 郑州市各研究区域绿化堆肥潜在需求量所示，研究对象 8 个区、2 个开发区绿化堆肥潜在需求总量约 439.43 千吨/年。郑州市各区域中堆肥潜在需求量最大的是郑东新区，其堆肥潜在需求量约 79.17 千吨/年，约占研究对象区域堆肥潜在需求总量的 18.01%。郑东新区为新建区域，其核心区域绿化面积高达 50%，是造成此结果的主要原因。堆肥潜在需求量最小的是上街区，堆肥潜在需求量约 19.85 千吨/年，约占研究对象区域堆肥潜在需求总量的 4.52%。上街区地处郑州市老工业区，绿化面积较小是主要原因。

三、郑州市各研究区域有机生活垃圾堆肥潜在供给量的计算

1. 郑州市各研究区域有机生活垃圾产生量的计算　郑州市各研究区域有机生活垃圾产生量根据第四章式（4-2）进行计算。各区域人口为 E_i 根据统计年鉴[74]，人均垃圾产生量 W 参考文献约为 1.1 千克/天[72-73]，有机生活垃圾的含有率 N 参考文献约为 40%[4]，计算出郑州市各研究区域有机生活垃圾产生量 C_i，计算结果如表 5-3 所示。

表 5-3　2020 年郑州市各研究区域人口及有机生活垃圾产生量

各区域	人口 （万人）	有机生活垃圾产生量 （千吨/年）
中原区	75.7	121.58
二七区	78.7	126.39
管城回族区	55.1	88.49
金水区	137.0	220.02

（续）

各区域	人口 （万人）	有机生活垃圾产生量 （千吨/年）
上街区	13.8	22.16
惠济区	28.9	46.41
经开区	23.3	37.42
高新区	26.0	41.76
郑东新区	54.7	87.85
航空港区	63.5	101.98
区域合计	556.7	894.06

2. 郑州市各研究区域有机生活垃圾堆肥潜在供给量的计算

根据第四章式（4-3），对郑州市各研究区域有机生活垃圾潜在供给量进行计算。郑州市各研究区域有机生活垃圾产生量 C_i 依据以上计算结果，有机生活垃圾的堆肥率参考文献约为 30%[4]，计算出郑州市各研究区域的有机生活垃圾堆肥潜在供给量 G_i，计算结果如表 5-4 所示。

表 5-4　2020 年郑州市各研究区域有机生活垃圾堆肥潜在供给量

各区域	堆肥潜在供给量（千吨/年）
中原区	36.47
二七区	37.92
管城回族区	26.55
金水区	66.01
上街区	6.65
惠济区	13.92
经开区	11.23
高新区	12.53

（续）

各区域	堆肥潜在供给量（千吨/年）
郑东新区	26.35
航空港区	30.59
区域合计	268.22

如表 5－4 所示，郑州市各研究区域有机生活垃圾堆肥绿化利用的潜在供给总量约为 268.22 千吨/年。各区域中堆肥潜在供给量最大的是金水区，其堆肥潜在供给量约为 66.01 千吨/年，约占郑州市有机生活垃圾堆肥潜在供给总量的 24.61％。有机生活垃圾堆肥潜在供给量最小的区域是上街区，其潜在供给量约为 6.65 千吨/年，仅占郑州市有机生活垃圾堆肥潜在供给总量的 2.48％，上街区在郑州市各区域中人口最少是造成此结果的主要原因。

四、郑州市各研究区域有机生活垃圾堆肥需求供给平衡分析

郑州市各研究区域，有机生活垃圾堆肥绿化施用的需供比的计算结果如表 5－5 所示。市区绿化堆肥潜在需求量约为 439.43 千吨/年，市区有机生活垃圾堆肥资源潜在供给量约为 268.22 千吨/年，需供比约为 1.64。研究表明，郑州市内各区域整体有机生活垃圾完全可以被市内绿化施肥利用，但是各区域的堆肥需供比存在较大的偏差。郑州市各区域中，二七区和中原区的需供比约为 1.02 和 1.10，基本处于需求供给平衡状态。金水区需供比最低约为 0.87，该区域在市内各区中居住人口最多但人均绿化面积最小是造成此结果的主要原因。管城回族区需供比约为

1.46，该区域地处老城区，现居住人口较少但人均绿化面积较大是主要原因。航空港区需供比约为1.37，需求量略高于供给量，该区域属于郑州市新建区域，绿化面积有待提高，而且固定居住人口还处于不稳定状态。另外，上街区、惠济区、经济技术开发区（经济区）、高新技术开发区（高新区）、郑东新区的堆肥需供比均高于2.00，处于较高水平，以上各区域居住人口较少、人均绿化面积相对大于其他区域是造成此结果的主要原因。

表5-5 郑州市各研究区域有机生活垃圾堆肥绿化施用的需供比

各区域	堆肥潜在需求量（千吨/年）	堆肥潜在供给量（千吨/年）	需供比
中原区	40.18	36.47	1.10
二七区	38.85	37.92	1.02
管城回族区	38.70	26.55	1.46
金水区	57.46	66.01	0.87
上街区	19.85	6.65	2.99
惠济区	38.85	13.92	2.79
经开区	44.38	11.23	3.95
高新区	39.99	12.53	3.19
郑东新区	79.17	26.35	3.00
航空港区	42.00	30.59	1.37
区域合计	439.43	268.22	1.64

五、结论

本节以郑州市内8个区、2个开发区为研究对象区域，假定研究区域生活垃圾分类收集后有机生活垃圾堆肥进行绿化循环利用。首先，通过郑州市各研究对象区域的绿化面积，对堆肥绿化利用的潜在需求量进行推算；其次，根据郑州市各区域人口数量、人均生活垃圾产生量和有机生活垃圾含有率，计算出各区域有机生活垃圾产生量；最后，通过有机生活垃圾堆肥率，对其转换为堆肥的潜在供给量进行估算。根据以上计算结果，对研究对象各区域的有机生活垃圾堆肥循环利用于绿化的需求供给平衡进行定量分析，2020 年研究对象绿化堆肥潜在需求总量约为 439.43 千吨/年，有机生活垃圾堆肥资源潜在供给总量约为 268.22 千吨/年，总需供比约为 1.64。研究表明，2020 年郑州市市内各研究区域有机生活垃圾完全可以被市内绿化施肥利用，但是各研究区域有机生活垃圾堆肥绿化利用需供比存在较大的偏差。

第二节　洛 阳 市

一、洛阳市概要

1. 地理位置　洛阳市地处九州腹地，河南省西部，东经 112°16′—112°37′，北纬 34°32′—34°45′，位于中国第二阶梯与第三阶梯交界带，欧亚大陆桥东段，东西长约 179 千米，南北宽约 168 千米。洛阳市横跨黄河中下游南北两岸，东邻郑州，西接三门峡，北跨黄河与焦作接壤，南与平顶山、南阳相连。洛阳市总面积 15 200 千米^2，其中市区面积 2 274 千米^2。

2. 气候　该地区属于温带大陆性季风气候。因为其气候特点，自然灾害相对较多，例如干旱、洪涝、暴雨等。但该地区无霜期相对较长，有 210 多天；年平均气温 12～25℃；降水量在

500～800 毫米。

3. 地形地貌 洛阳市地势西高东低，境内山川丘陵交错，地形复杂，其中山区占 45.5%，丘陵占 40.7%，平原占 13.8%，周围有郁山、邙山、青要山、荆紫山、周山、樱山、龙门山、香山、万安山、首阳山、嵩山等多座山脉。洛阳市位于豫西地区与东秦岭褶皱系，有伏牛、外方、熊耳及崤山四大山脉。四大山脉主要集中在西部与南部，栾川县、洛宁县、嵩县、宜阳县、新安县对比洛阳市其他地区地形起伏相对较大。

4. 土壤 洛阳市土壤有 2 个大类、5 个亚类。棕壤土分布于海拔 800～1 000 米及以上山地，以生长落叶林为主；褐土分布面积最大，各县均有；潮土分布于河滩地带；砂姜黑土在汝阳县东北，面积小；风沙土在黄河岸风口处，面积极小。

5. 植被 该研究地区森林资源丰富，种类众多。百龄古树多达 49 种，据统计有 2 000 余棵；其中有 12 处古树群，2 万余棵散生近千株。洛阳市植被覆盖率高，有着国家园林城市的称号。

6. 水资源 该研究区域内河流众多，主要属于黄河流域。研究地区内的洛河、伊河、涧河、汝河等河流汇入黄河，但老关河、白河汇入长江。洛阳境内有黄河、洛河、伊河、瀍河、涧河等河流和陆浑、故县两座大型水库。洛阳市各大小河流中分别建有特大型、大型、中型、小型不同类型的水库。洛阳市多年平均（1980—1999 年）水资源总量为 28.1 亿$米^3$，是北方地区少有的富水城市。

二、洛阳市各研究区域绿化堆肥潜在需求量的计算

1. 洛阳市各研究区域绿化面积 2020 年，洛阳市行政区域

由 6 个区、1 个县级市和 8 个县组成，即老城区、涧西区、西工区、洛龙区、瀍河回族区、吉利区、偃师市、孟津县、宜阳县、新安县、洛宁县、伊川县、栾川县、嵩县、汝阳县。本研究以洛阳市行政区域内的 6 个区和距离市区较近的 1 个县级市、1 个县为研究对象，对该研究区域的有机生活垃圾堆肥绿化利用的需求供给平衡进行讨论。根据文献[76]和对洛阳市园林局及城市管理局的实地调研结果，统计出洛阳市各研究区域 2020 年的绿化面积如表 5－6 所示。研究对象总绿化面积约为 4 179.47 公顷。其中绿化面积最大的是洛龙区，约占总绿化面积的 23.24%；绿化面积最小的是吉利区，约占研究对象总绿化面积的 2.25%。

表 5－6　2020 年洛阳市各研究区域绿化面积

各区域	绿化面积（公顷）
老城区	203.70
洛龙区	971.46
涧西区	951.62
西工区	485.94
瀍河回族区	220.11
偃师市	646.00
孟津县	606.65
吉利区	93.99
区域合计	4 179.47

2. 洛阳市各研究区域绿化堆肥潜在需求量的计算　根据第四章式（4－1），各区域绿化面积 A 参照表 5－6，绿地的堆肥施用基准量 B 参考文献约为 20 吨/(公顷·年)[71]，计算出洛阳市各研究区域的绿化堆肥年潜在需求量，计算结果如表 5－7 所示。

表 5-7 洛阳市各研究区域绿化堆肥潜在需求量

各区域	堆肥潜在需求量（千吨/年）
老城区	4.07
洛龙区	19.43
涧西区	19.03
西工区	9.72
瀍河回族区	4.40
偃师市	12.92
孟津县	12.13
吉利区	1.88
区域合计	83.59

如表 5-7 洛阳市各研究区域绿化堆肥潜在需求量所示，研究对象 6 个区、1 个市、1 个县绿化堆肥潜在需求总量约 83.59 千吨/年。各研究区域中堆肥潜在需求量最大的是洛龙区，其堆肥潜在需求量约为 19.43 千吨/年，约占研究对象堆肥潜在需求总量的 23.24%。洛龙区拥有多所大学，另外公园、湿地相对较多，绿化面积较大是造成此结果的主要原因。堆肥潜在需求量最小的是吉利区，其堆肥潜在需求量约为 1.88 千吨/年，约占研究对象绿化堆肥潜在需求总量的 2.25%，主要是因为吉利区与其他研究区域相比行政区域面积较小，绿化面积也相对较小。

三、洛阳市各研究区域有机生活垃圾堆肥潜在供给量的计算

1. 洛阳市各研究区域有机生活垃圾产生量的计算 洛阳市各研究区域有机生活垃圾产生量根据第四章式（4-2）进行计

算。各研究区域人口 E_i 根据统计年鉴[76]，人均垃圾产生量 W 参考文献约为 1.1 千克/天[72-73]，有机生活垃圾的含有率 N 参考文献约为 40%[4]，计算出洛阳市各研究区域有机生活垃圾产生量 C_i，计算结果如表 5-8 所示。

表 5-8　2020 年洛阳市各研究区域人口及有机生活垃圾产生量

各区域	人口（万人）	有机生活垃圾产生量（千吨/年）
老城区	20.37	32.71
洛龙区	71.96	115.57
涧西区	71.55	114.91
西工区	37.67	60.50
瀍河回族区	20.01	32.14
偃师市	54.43	87.41
孟津县	43.67	70.13
吉利区	7.23	11.61
区域合计	326.89	524.98

2. 洛阳市各研究区域有机生活垃圾堆肥潜在供给量的计算

根据第四章式（4-3），对洛阳市各研究区域有机生活垃圾潜在供给量进行计算。洛阳市各研究区域有机生活垃圾产生量 C_i 依据以上计算结果，有机生活垃圾的堆肥率参考文献约为 30%[4]，计算出洛阳市各研究区域的有机生活垃圾堆肥潜在供给量 G_i，计算结果如表 5-9 所示。

如表 5-9 所示，洛阳市各研究区域有机生活垃圾堆肥绿化利用的潜在供给总量约为 157.48 千吨/年。各区域中堆肥潜在供给量最大的是洛龙区，其堆肥潜在供给量约为 34.67 千吨/年，约占研究对象有机生活垃圾堆肥潜在供给总量的 22.02%，主要是因为洛龙区常住人口多，生活垃圾产生量在各研究区域中最大。有机生活垃圾堆肥潜在供给量最小的区域是吉利区，其堆肥潜在供给量约为 3.48 千吨/年，仅占洛阳市有机生活垃圾堆肥潜在供给总量的 2.21%，吉利区在洛阳市各研究区域中人口最少是造成此结果的主要原因。

表 5－9　2020 年洛阳市各研究区域有机生活垃圾堆肥潜在供给量

各区域	堆肥潜在供给量（千吨/年）
老城区	9.81
洛龙区	34.67
涧西区	34.47
西工区	18.15
瀍河回族区	9.64
偃师市	26.22
孟津县	21.04
吉利区	3.48
区域合计	157.48

四、洛阳市各研究区域有机生活垃圾堆肥需求供给平衡分析

洛阳市各研究区域，有机生活垃圾堆肥绿化施用的需供比的计算结果如表 5－10 所示。洛阳市研究区域绿化堆肥潜在需求总量约为 83.59 千吨/年，有机生活垃圾堆肥资源潜在供给总量约为 157.48 千吨/年，需供比约为 0.53。研究结果表明，研究对象整体有机生活垃圾不能全量被市内绿化施肥利用，整体呈现供过于求的局面。各研究区域有机生活垃圾堆肥绿化利用需供比均

小于1.00，而且各研究区域呈现较为接近的局面。研究对象6个区、1个县级市、1个县中需供比最大的孟津县约为0.58，最小的老城区约为0.42。研究对象区域总体人口较多，但人均绿化面积相对较小，这是造成此结果的主要原因。

表5-10　洛阳市各研究区域有机生活垃圾堆肥绿化施用的需供比

各区域	堆肥潜在需求量（千吨/年）	堆肥潜在供给量（千吨/年）	需供比
老城区	4.07	9.81	0.42
洛龙区	19.43	34.67	0.56
涧西区	19.03	34.47	0.55
西工区	9.72	18.15	0.54
瀍河回族区	4.40	9.64	0.46
偃师市	12.92	26.22	0.49
孟津县	12.05	21.04	0.58
吉利区	1.88	3.48	0.54
区域合计	83.59	157.48	0.53

五、结论

本节以洛阳市行政区域内6个区、1个县级市、1个县为研究对象区域，假定研究区域生活垃圾分类收集后有机生活垃圾堆肥进行绿化循环利用。首先，通过洛阳市各研究区域的绿化面积，对有机生活垃圾堆肥潜在需求量进行推算；其次，根据研究区域的人口数量、人均生活垃圾产生量和有机生活垃圾含有率，计算出各区域有机生活垃圾产生量；最后，通过有机生活垃圾堆肥率，将其转换为堆肥的潜在供给量进行估算。根据以上计算结果，对研究区域有机生活垃圾堆肥绿化利用的需求供给平衡进行定量分析，2020 年研究区域绿化堆肥潜在需求量约为 83.59 千吨/年，研究区域有机生活垃圾堆肥资源潜在供给量约为 157.48 千吨/年，总需供比约为 0.53。洛阳市研究区域整体有机生活垃圾不能全量被绿化施肥利用，各研究区域有机生活垃圾堆肥绿化利用需供比均小于 1.00，整体呈现供过于求的局面。

第三节　开 封 市

一、开封市概要

1. **地理位置**　开封市位于东经 113°52′15″—115°15′42″、北纬 34°11′45″—35°01′20″。地处河南省中东部，是河南省辖市，西与郑州市毗邻，东与商丘市接壤，南连许昌市和周口市，北依黄河，与新乡市隔河相望。开封市总占地面积 6 266 千米^2，东西长达 126 千米，南北长约 92 千米。东距亚欧大陆桥东端的港口城市连云港 600 千米，西距郑州市仅 72 千米，在全国版图上处于豫东大平原的中心地带。

2. **气候**　开封市气候属暖温带大陆性季风气候，四季分明，一般气候特点是冬季寒冷干燥，春季干旱多雨，夏季高温多雨，秋季天高气爽。多年平均气温为 14.4℃，多年平均无霜期为 221 天，多年平均降水量为 662.8 毫米，而降雨大多集中在夏季 7—9 月。

3. **地形地貌**　开封市地处黄河中下游冲积平原东侧，整体地势呈西北高、东南低，黄河大堤的北侧为较深滩地，南侧为背水洼地，西侧、南侧为低洼地，中间、东侧地形相对平缓。开封市境域内，由于黄河泥沙淤积使黄河水位不断升高，从而产生了水高于城的“地上悬河”现象。在开封市地下，也由于历次黄河水患，将原开封市城内数座古都城池、府州城池均深埋于地面 3～12 米，并同时上下叠压了 6 座城池，其中还包含着 3 个首都、2 个省城及 1 个府城，从而形成了中国国内少有的“城摞城”奇特景象。

4. 土壤　开封地处中原腹地，地势平坦；土壤肥沃，多为黏土、壤土和沙土，适合农作物种植，是河南省内重要的农产品主产区，主要有粮食作物、经济作物以及蔬菜、瓜果类、落叶乔木等，是全国著名的小麦、玉米、花生、大蒜、西瓜及泡桐生产和出口基地。

5. 植被　开封的植被资源丰富，陆生花卉和水草类有 800 余种。动物品种很多，主要包括生猪、牛、羊、驴、鸡、鸭、鹅、兔及鱼、鸟等养殖动物和 60 余种野生动物。同时，开封又是我国主要的猪、牛、羊繁育基地，生产的开封黄河鲤鱼也因“鱼中上乘”，而知名于我国。

6. 水资源　开封境内河流来源众多，有两大分支。黄河大堤以北滩区为黄河水系，总面积为 281 千米^2；黄河大堤以南属淮河水系，主要支流有惠济河、马家河、黄汴河、贾鲁河、涡河等，总面积为 5 985 千米^2。在开封的中心城区内，五湖四河环绕市区，总水面规模达 220 多公顷，约占当时开封市中心地区总体建设规模的 1/10，因而有着“北方水城”之称。

二、开封市各研究区域绿化堆肥潜在需求量的计算

1. 开封市各研究区域绿化面积　开封市行政区域由 5 个区、

4 个县组成，即龙亭区、顺河回族区、鼓楼区、禹王台区、祥符区、杞县、通许县、尉氏县、兰考县。由于通过文献调查和实地调研得到开封市市区总体和各县的绿化面积（未得到各区详细绿化面积），因此，本研究以开封市行政区域内的市区（包含市内 5 个区）和 4 个县为研究对象，对该研究区域的有机生活垃圾堆肥绿化利用的需求供给平衡进行讨论。根据文献[77]和对开封市园林局及城市管理局的实地调研结果，统计出开封市各研究区域 2020 年的绿化面积如表 5－11 所示。研究对象总绿化面积约为 10 529.03 公顷；其中绿化面积最大的是市区约 7 153.00 公顷，占总绿化面积的 67.9%；绿化面积最小的是通许县，约占总绿化面积的 2.9%。

表 5－11　2020 年开封市各研究区域绿化面积

各区域	绿化面积（公顷）
市区	7 153.00
杞县	385.14
通许县	303.80
尉氏县	854.72
兰考县	1 832.37
区域合计	10 529.03

2. 开封市各研究区域绿化堆肥潜在需求量的计算　根据第四章式（4－1），开封市各区域绿化面积 A 参照表 5－11，绿地的堆肥施用基准量 B 参考文献约为 20 吨/(公顷 · 年)[71]，计算出开封市各研究区域的绿化堆肥年潜在需求量，计算结果如表 5－12 所示。

表 5-12　2020 年开封市各研究区域绿化堆肥潜在需求量

各区域	堆肥潜在需求量（千吨/年）
市区	143.06
杞县	7.70
通许县	6.08
尉氏县	17.09
兰考县	36.65
区域合计	210.58

如表 5-12 开封市各研究区域绿化堆肥潜在需求量所示，研究对象市区、4 个县绿化堆肥潜在需求总量约为 210.58 千吨/年。各研究区域中堆肥潜在需求量最大的是市区，其堆肥潜在需求量约为 143.06 千吨/年，约占研究对象堆肥潜在需求总量的 67.9%，主要原因是开封市在新中国成立初期作为河南省的省会发展较早，而且在实地调研中发现，该城市注重绿色种植、绿化意识较强。另外，开封市 2015 年获得国家园林城市称号，2018 年再次通过国家园林城市复查。堆肥潜在需求量最小的是通许县，其堆肥潜在需求量约为 6.08 千吨/年，约占研究对象绿化堆肥潜在需求总量的 2.9%，该区域在各研究区域中总体面积最小也是绿化堆肥潜在需求量最小的主要原因之一。

三、开封市各研究区域有机生活垃圾堆肥潜在供给量的计算

1. 开封市各研究区域有机生活垃圾产生量的计算　开封市各研究区域有机生活垃圾产生量根据第四章式（4-2）进行计算。各研究区域人口 E_i 根据统计年鉴[77]，人均垃圾产生量 W 参

考文献约为 1.1 千克/天[72-73]，有机生活垃圾的含有率 N 参考文献约为 40%[4]，计算出开封市各研究区域有机生活垃圾产生量 C_i，计算结果如表 5-13 所示。

表 5-13　2020 年开封市各研究区域人口及有机生活垃圾产生量

各区域	人口（万人）	有机生活垃圾产生量（千吨/年）
市区	173.80	279.12
杞县	93.92	150.84
通许县	54.26	87.14
尉氏县	83.85	134.66
兰考县	77.64	124.69
区域合计	483.47	776.45

2. 开封市各研究区域有机生活垃圾堆肥潜在供给量的计算

根据第四章式（4-3），对开封市各区域有机生活垃圾潜在供给量进行计算。开封市各区域有机生活垃圾产生量 C_i 依据以上计算结果，有机生活垃圾的堆肥率参考文献约为 30%[4]，计算出开封市各研究区域的有机生活垃圾堆肥潜在供给量 G_i，计算结果如表 5-14 所示。

表 5-14　2020 年开封市各研究区域有机生活垃圾堆肥潜在供给量

各区域	堆肥潜在供给量（千吨/年）
市区	83.74
杞县	45.25
通许县	26.14
尉氏县	40.40
兰考县	37.41
区域合计	232.94

如表 5-14 所示，开封市各研究区域有机生活垃圾堆肥绿化利用的潜在供给总量约为 232.94 千吨/年。各区域中堆肥潜在供给量最大的是市区，其堆肥潜在供给量约为 83.74 千吨/年，约占研究对象有机生活垃圾堆肥潜在供给总量的 35.95%，主要是因为市区常住人口最多，其生活垃圾产生量在各研究区域中最大。有机生活垃圾堆肥潜在供给量最小的区域是通许县，其堆肥潜在供给量约为 26.14 千吨/年，占研究对象有机生活垃圾堆肥潜在供给总量的 11.22%，通许县在开封市各研究区域中人口最少是造成此结果的主要原因。

四、开封市各研究区域有机生活垃圾堆肥需求供给平衡分析

开封市各研究区域，有机生活垃圾堆肥绿化施用的需供比的计算结果如表 5-15 所示。开封市研究区域绿化堆肥潜在需求总量约为 210.58 千吨/年，有机生活垃圾堆肥潜在供给总量约为 232.94 千吨/年，需供比约为 0.90。研究结果表明，开封市整体有机生活垃圾不能全量被市内绿化施肥利用，但整体呈现需求供给基本平衡的局面。开封市的 1 个市区、4 个县中，市区需供比约为 1.71，该研究区域需求量严重大于供给量，人均绿化面积大、绿化堆肥需求量较大是主要原因。4 个县的有机生活垃圾堆肥绿化利用需供比均小于 1.00，分别为杞县 0.17、通许县 0.23、尉氏县 0.42、兰考县 0.98。兰考县处于需供基本平衡状态，其余 3 个县处于较为严重的需求小于供给的状态，均是因为人口较多、人均绿化面积较小。

表 5-15　2020 年开封市各研究区域有机生活垃圾堆肥绿化施用的需供比

各区域	堆肥潜在需求量（千吨/年）	堆肥潜在供给量（千吨/年）	需供比（需求量/供给量）
市区	143.06	83.74	1.71
杞县	7.70	45.25	0.17
通许县	6.08	26.14	0.23
尉氏县	17.09	40.40	0.42
兰考县	36.65	37.41	0.98
区域合计	210.58	232.94	0.90

五、结论

本节以开封市行政区域内的市区和 4 个县为研究对象，假定研究对象生活垃圾分类收集后有机生活垃圾堆肥进行绿化循环利用。首先，通过开封市各研究区域的绿化面积，对有机生活垃圾堆肥潜在需求量进行推算；其次，根据研究区域的人口数量、人均生活垃圾产生量和有机生活垃圾含有率，计算出各区域有机生活垃圾产生量；最后，通过有机生活垃圾堆肥率，将其转换为堆肥的潜在供给量进行估算。根据以上计算结果，对研究区域有机生活垃圾堆肥循环用于绿化的需求供给平衡进行定量分析，2020 年开封市绿化堆肥潜在需求总量约为 210.58 千吨/年，有机生活垃圾堆肥潜在供给总量约为 232.94 千吨/年，需供比约为 0.90。研究结果表明，开封市研究区域整体有机生活垃圾不能全量被市内绿化施肥利用，但整体呈现需求供给基本平衡的局面。其中，市区处于有机生活垃圾堆肥绿化利用需求严重高于供给状态，兰考县处于需求供给基本平衡状态，其余区域处于需求远低于供给的严重不平衡状态。

第四节　驻马店市

一、驻马店市概要

1. 地理位置　驻马店市位于河南省中南部，淮河以北的黄淮平原南域。其地理坐标为北纬 32°18′—33°35′、东经 113°10′—115°12′。该市东与安徽省阜阳市相依，西与南阳市相连，南与信阳市毗邻，北与平顶山市、漯河市和周口市接壤。辖区东西最大距离 191.5 千米，南北最大距离 137.5 千米，总面积 15 095 千米^2。

2. 气候　驻马店市处在亚热带与暖温带的过渡地带，具有亚热带与暖温带的双重气候特征，是典型的大陆性季风型半湿润气候，阳光充足，热量丰富，雨量充沛，温和湿润，四季分明。但由于地理位置的特殊性，境内容易出现干旱、暴雨和局地性的冰雹、龙卷风等灾害性天气。确山县、遂平县的西部和泌阳县东部系浅山丘陵区，由于局地气候的影响，多发山洪和暴雨。境内东部平坦低洼，降水集中时容易发生洪涝。

3. 地形地貌　驻马店市位于全国第三级地貌台阶上，横跨南阳盆地东缘和淮北平原，分属长江流域和淮河流域。其地势总的特点是西高东低，西部为伏牛山、桐柏山余脉构成的低山丘陵，海拔高度多在 300～600 米。位于泌阳县境内的白云山为最高峰，海拔 983 米。低山丘陵的外围为波状起伏的山前冲积倾斜平原（岗地），由山前向平原倾斜，坡度多在 5°～10°。东部则为开阔的淮北冲积湖积低缓平原，以 1/10 000～1/4 000 的坡降向东缓倾，最低处海拔 32 米。山地面积 1 950 千米^2，约占全市土地总面积的 12.9%，为豫南桐柏山向西北延伸的余脉和豫西伏牛山向东延伸的余脉，主要分布于泌阳、确山、遂平、西平等县。440 多座山峰海拔多在 300～700 米，相对高度在 200～400 米，低矮的山峰呈岛状突出于波状起伏的丘陵之上。海拔超过 500 米的山峰 61 座，超过 700 米的 17 座。

4. 动植物 植物区系组成以华北、华中植物区系为主，兼有西北、西南和东北植物区系成分。植物资源比较丰富，全市有维管束植物 131 科 846 种。其中，藤本植物 12 科 28 种，裸子植物 3 科 25 种，双子叶植物 94 科 653 种，单子叶植物 20 科 140 种。在动物地理区划上，属古北界华北区和华中区的过渡地带，动物区系成分南北种类均有，且互相渗透。动物种类近 2 000 种，其中原生动物 30 余种，多孔和腔肠动物 2 种，扁形动物 10 余种，线形动物约 15 种，环节动物 5 种，软体动物 12 种，节肢动物 1 500 余种，鱼类 79 种，两栖类 10 余种，爬行类 30 余种，鸟类 200 余种。因境内大部分为平原，所以动物具有平原型特征，多为适应性强的广布种，特有种少，动物的种类多，但数量较少。

5. 水资源 驻马店市东西横跨淮河、长江两大流域，东部属淮河流域，由洪汝河水系、淮河干流水系、沙颍河水系等组成，总面积 13 415 千米^2；西部属长江流域的汉水水系，面积 1 680 千米^2。全市流域面积在 100 千米^2 以上的河流有 47 条，其中流域面积 5 000 千米^2 以上的河流有洪河和汝河 2 条；流域面积在 1 000～5 000 千米^2 的河流有小洪河、臻头河、北汝河和泌阳河等 6 条。全市多年平均地表径流量 39 亿多米^3，径流深度 257.4 毫米。径流的分布趋势大体和降水一致，从西南向东北由 300 毫米递减至 150 毫米，径流系数为 0.2～0.4，且汝河流域大于洪河流域，山丘区大于平原，西部大于东部，南部大于北部。径流年内变化与降水量相一致，季节变差很大，径流的 60%集中在 6—9 月。

二、驻马店市各研究区域绿化堆肥潜在需求量的计算

1. 驻马店市各研究区域绿化面积　驻马店市行政区域由 1 个区、9 个县组成，即驿城区、遂平县、汝南县、平舆县、正阳县、新蔡县、上蔡县、泌阳县、确山县、西平县。本研究以驻马店市的 1 个区、9 个县为研究对象，对该研究区域的有机生活垃圾堆肥绿化利用的需求供给平衡进行讨论。根据文献[78]和对驻马店市园林绿化中心及城市管理局的实地调研结果，统计出各研究对象 2020 年的绿化面积如表 5 - 16 所示。驻马店市研究区域总体绿化面积约为 11 818.37 公顷，其中驿城区绿化面积最大，约为 3 740.00 公顷，占驻马店市总体绿化面积的 31.65%；确山县绿化面积最小，约为 705.66 公顷，占驻马店市总体绿化面积的 5.97%。驿城区作为驻马店市的中心城区，建成区面积约为 10 010 公顷，区内工业经济快速发展，基础设施较为完善，绿化覆盖率较高，城市绿化系统健全。确山县建成区面积最小，约为 1 780 公顷，因此，所辖区域内绿化面积也相对较小。新蔡县、西平县、正阳县、遂平县、汝南县、上蔡县、泌阳县、平舆县的绿化面积呈现出依次递减的趋势。

表 5-16　2020 年驻马店市各研究区域绿化面积

各区域	绿化面积（公顷）
驿城区	3 740.00
西平县	1 106.89
上蔡县	817.30
平舆县	776.43
正阳县	919.36
确山县	705.66
泌阳县	808.74
汝南县	853.87
遂平县	885.85
新蔡县	1 204.27
区域合计	11 818.37

2. 驻马店市各研究区域绿化堆肥潜在需求量的计算　根据第四章式（4-1），驻马店市各区域绿化面积 A 参照表 5-16，绿地的堆肥施用基准量 B 参考文献约为 20 吨/(公顷·年)[71]，计算出驻马店市各研究区域的绿化堆肥年潜在需求量，计算结果如表 5-17 所示。

表 5-17　驻马店市各研究区域绿化堆肥潜在需求量

各区域	堆肥潜在需求量（千吨/年）
驿城区	74.80
西平县	22.14
上蔡县	16.35
平舆县	15.53
正阳县	18.39

（续）

各区域	堆肥潜在需求量（千吨/年）
确山县	14.11
泌阳县	16.17
汝南县	17.08
遂平县	17.72
新蔡县	24.09
区域合计	236.38

如表 5-17 驻马店市各研究区域绿化堆肥潜在需求量所示，研究对象 1 个区、9 个县绿化堆肥潜在需求总量约为 236.38 千吨/年。各研究区域中堆肥潜在需求量最大的是驿城区，其堆肥潜在需求量约为 74.80 千吨/年，约占研究对象堆肥潜在需求总量的 31.64%。确山县绿化对堆肥的需求量约为 14.11 千吨/年，居于全市最后一位，占驻马店市堆肥需求总量的 5.97%。新蔡县、西平县、正阳县、遂平县、汝南县、上蔡县、泌阳县、平舆县绿化对堆肥的需求量呈现出依次递减的趋势。

三、驻马店市各研究区域有机生活垃圾堆肥潜在供给量的计算

1. 驻马店市各研究区域有机生活垃圾产生量的计算　驻马店市各研究区域有机生活垃圾产生量根据第四章式（4-2）进行计算。各研究区域人口 E_i 根据统计年鉴[78]，人均垃圾产生量 W 参考文献约为 1.1 千克/天[72-73]，有机生活垃圾的含有率 N 参考文献约为 40%[4]，计算出驻马店市各研究区域有机生活垃圾产生量 C_i，计算结果如表 5-18 所示。

表 5-18　2020 年驻马店市各研究区域人口及有机生活垃圾产生量

各区域	人口（万人）	有机生活垃圾产生量（千吨/年）
驿城区	70.27	112.85
西平县	26.67	42.83
上蔡县	37.79	60.69
平舆县	29.80	47.86
正阳县	21.45	34.45
确山县	17.38	27.91
泌阳县	28.12	45.16
汝南县	25.65	41.19
遂平县	18.76	30.13
新蔡县	30.28	48.63
区域合计	306.17	491.71

2. 驻马店市各研究区域有机生活垃圾堆肥潜在供给量的计算　根据第四章式（4-3），对驻马店市各区域有机生活垃圾潜在供给量进行计算。驻马店市各区域有机生活垃圾产生量 C_i 依据以上计算结果，有机生活垃圾的堆肥率参考文献约为 30%[4]，计算出驻马店市各研究区域的有机生活垃圾堆肥潜在供给量 G_i，计算结果如表 5-19 所示。

表 5-19　2020 年驻马店市各研究区域有机生活垃圾堆肥潜在供给量

各区域	堆肥潜在供给量（千吨/年）
驿城区	33.86
西平县	12.85
上蔡县	18.21
平舆县	14.36

（续）

各区域	堆肥潜在供给量（千吨/年）
正阳县	10.33
确山县	8.37
泌阳县	13.55
汝南县	12.36
遂平县	9.04
新蔡县	14.59
区域合计	147.51

如表 5-19 所示，驻马店市各研究区域有机生活垃圾堆肥绿化利用的潜在供给总量约为 147.51 千吨/年。各区域中堆肥潜在供给量最大的是驿城区，其堆肥潜在供给量约为 33.86 千吨/年，约占研究区域有机生活垃圾堆肥潜在供给量的 22.95%；堆肥潜在供给量最小的是确山县，约为 8.37 千吨/年，约占全市有机生活垃圾堆肥潜在供给量的 5.68%。其中，驿城区是驻马店市的中心城区，人口最多，产生的生活垃圾最多是全市各区域中有机生活垃圾堆肥潜在供给量最大的主要原因。确山县因占地面积小，居住人口少，对物质的消耗较小，产生的生活垃圾最少，是该研究区域堆肥潜在供给量最小的主要原因。另外，上蔡县、新蔡县、平舆县、泌阳县、西平县、汝南县、正阳县、遂平县有机生活垃圾堆肥潜在供给量呈现出依次递减的趋势。

四、驻马店市各研究区域有机生活垃圾堆肥需求供给平衡分析

驻马店市各研究区域，有机生活垃圾堆肥绿化施用的需供比

的计算结果如表 5-20 所示。驻马店市研究区域绿化堆肥潜在需求总量约为 236.38 千吨/年，有机生活垃圾堆肥资源潜在供给总量约为 147.51 千吨/年，需供比约为 1.60。研究结果表明，研究对象驻马店市整体有机生活垃圾全量可以被市内绿化施肥利用，但各研究区域需供比呈现一定的偏差。驻马店市各区域中，驿城区需供比最高约为 2.21，该研究区域需求量严重大于供给量，人均绿化面积大、绿化堆肥需求量较大是主要原因。9 个县中，上蔡县绿化堆肥的需求量小于供给量，需供比约为 0.90。另外，平舆县的绿化堆肥需供基本达到平衡，平舆县的绿化堆肥需供比为 1.08。遂平县的绿化堆肥需供比为 1.96，西平县的绿化堆肥需供比为 1.72，正阳县的绿化堆肥需供比为 1.78，确山县的绿化堆肥需供比为 1.69，新蔡县的绿化堆肥需供比为 1.65，汝南县的绿化堆肥需供比为 1.39，泌阳县的绿化堆肥需供比为 1.19，这些县均呈现不同程度的需求大于供给的局面。

表 5-20 驻马店市各研究区域有机生活垃圾堆肥绿化施用的需供比

各区域	堆肥潜在需求量（千吨/年）	堆肥潜在供给量（千吨/年）	需供比
驿城区	74.80	33.86	2.21
西平县	22.15	12.85	1.72
上蔡县	16.35	18.21	0.90
平舆县	15.53	14.36	1.08
正阳县	18.39	10.33	1.78
确山县	14.11	8.37	1.69
泌阳县	16.17	13.55	1.19
汝南县	17.08	12.36	1.39

（续）

各区域	堆肥潜在需求量（千吨/年）	堆肥潜在供给量（千吨/年）	需供比
遂平县	17.72	9.04	1.96
新蔡县	24.09	14.59	1.65
区域合计	236.38	147.51	1.60

五、结论

本节以驻马店市行政区域内的 1 个区和 9 个县为研究对象，假定研究对象生活垃圾分类收集后有机生活垃圾堆肥进行绿化循环利用。首先，通过驻马店市各研究区域的绿化面积，对有机生活垃圾堆肥潜在需求量进行推算；其次，根据研究区域的人口数量、人均生活垃圾产生量和有机生活垃圾含有率，计算出各区域有机生活垃圾产生量；最后，通过有机生活垃圾堆肥率，将其转换为堆肥的潜在供给量进行估算。根据以上计算结果，对研究区域有机生活垃圾堆肥循环利用于绿化的需求供给平衡进行定量分析，2020 年驻马店市绿化堆肥潜在需求总量约为 236.38 千吨/年，有机生活垃圾堆肥资源潜在供给量约为 147.51 千吨/年，需供比约为 1.60，驻马店市整体有机生活垃圾全量可以被市内绿化施肥利用。驻马店市 9 个县、1 个区中，只有上蔡县堆肥需求量小于供给量，泌阳县和平舆县绿化堆肥需供比基本处于平衡状态，其他区域绿化对堆肥的需求量远大于供给量，堆肥处于严重的供不应求局面。研究对象 9 个县、1 个区内堆肥需供略有偏差，因此，可根据分析结果实施堆肥由供给多余区域向供给不足区域的效率化移动，从而实现废弃物资源的充分高效利用。

第五节 漯河市

一、漯河市概要

1. 地理位置 漯河市坐落于河南省中南部，地理位置优越。漯河市位于东经 113°27′—114°16′、北纬 33°23′—33°59′，东西拉长，南北延伸。东西总长 76 千米，南北总长 64 千米，占地面积共 2 617 千米^2，在郑州北部 140 千米处。该区域中心城区距离临颍县大约有 30 千米，西部紧邻郾城区，西南部距离舞阳县城大约有 45 千米。漯河市 1986 年升级成为一个省辖市，2004 年再次进行区划调整，现辖郾城区、源汇区、召陵区、舞阳县、临颍县和一个国家级经济开发区、西城区。

2. 气候 温暖过渡型季风气候是漯河市的典型气候，气候特点为冬季寒冷干燥，夏季炎热湿润，秋季秋高气爽，春季较为干旱。7 月气温最高，7 月前总体昼短夜长，昼渐长，夜渐短，太阳直射点越来越靠近北回归线，温度逐渐升高，在 7 月达到最大值；1 月气温最低。该区域年平均降水量适中，但降水的时间和空间分布都非常不均匀，夏秋多，冬春少。12 月和 1 月降水最少，容易出现春旱；7 月和 8 月这两个月降水较多，农田容易引发涝灾，城市地面板结排水不畅，容易形成内涝。

3. 地形地貌 漯河市坐落于华北平原西南部，东部是一望无际的平原，西部是高大的伏牛山脉，总地势西部高、东部低，是第二、三阶梯的交界处。该区域有相当厚的新生界地层，在此基础上形成大片的平原地貌景观，在此区域内主要存在两种地貌，分别是剥蚀残岗地貌以及冲积平原地貌。漯河市主要坐落在澧河和汝河改道后河水泛滥形成的冲积层上。秦岭纬向构造带主要分为北支、中支、南支，在河南省境内延伸，漯河市及所管辖的三区两县范围内是构造带的南支。由于构造带延伸方向大致呈东西向，因此，该区域以东西向构造为主，南北向构造为辅。

4. **动植物**　该区域的粮食作物以小麦、玉米为主，经济作物以烟草、芝麻为主，蔬菜主要是白菜等。据统计，漯河市林果资源主要包括乔木、灌木和果树，其中乔木的主要树种有白杨树、柳树等，灌木主要有花椒、酸枣等，果树主要有梨、桃等。花卉主要有木本花卉和草本花卉，木本花卉以月季为主，草本花卉常见的有菊花。漯河市家禽主要有鸡、鸭、鹅等；野生动物有貉、黄鼠狼等；野生鸟类主要是燕子、麻雀等，大多数都是益鸟；鱼类资源主要有鲤鱼、草鱼等，大多是人工养殖。

5. **水资源**　漯河市水资源丰富，地表水年均天然径流量为3.7亿米^3，沙河、澧河等过境水径流量为27亿米^3，浅层地下水年均补给量约5.2亿米^3，可开采量为3.7亿米^3，单井涌水量每小时超过60吨。中深层地下水日开采量可达2.5万吨。全年水资源总量5.86亿米^3，2013年降水量794.9毫米。全年总用水量4.32亿米^3，人均用水量181.7米^3。

二、漯河市各研究区域绿化堆肥潜在需求量的计算

1. **漯河市各研究区域绿化面积**　漯河市行政区域由3个区、2个县组成，即郾城区、源汇区、召陵区、临颍县、舞阳县。本研究以漯河市的3个区、2个县为研究对象，对该研究区域的有机生活垃圾堆肥绿化利用的需求供给平衡进行讨论。根据文

献[79]和对漯河市林业和园林局及城市管理局的实地调研结果，统计出漯河市各研究区域 2020 年的绿化面积如表 5－21 所示。漯河市总体绿化面积约为 3 123.0 公顷。其中临颍县绿化面积最大，约 979.3 公顷，约占漯河市总绿化面积的 31.36%。早在 2004 年临颍县就被评为平原绿化高级达标县，并确立了以工程项目带动林业大发展的建设思路，一方面是由于临颍县的土壤大多为黑黏土、两合土，土壤肥力较好，适合种植绿化植物；另一方面，绿化意识较强，对绿化种植较为重视。其次是舞阳县的绿化面积约为 926.9 公顷，约占研究区域总绿化面积的 29.68%。另外，郾城区的绿化面积约为 492.8 公顷，召陵区的绿化面积约为 483.5 公顷，绿化面积最小的是源汇区，约为 240.5 公顷。

表 5－21　2020 年漯河市各研究区域绿化面积

各区域	绿化面积（公顷）
郾城区	492.8
源汇区	240.5
召陵区	483.5
舞阳县	926.9
临颍县	979.3
区域合计	3 123.0

2. 漯河市各研究区域绿化堆肥潜在需求量的计算　根据第四章式（4－1），漯河市各区域绿化面积 A 参照表 5－21，绿地的堆肥施用基准量 B 参考文献约为 20 吨/(公顷・年)[71]，从而计算出漯河市各研究区域的绿化堆肥潜在需求量，计算结果如表 5－22 所示。

表 5－22　漯河市各研究区域绿化堆肥潜在需求量

各区域	堆肥潜在需求量（千吨/年）
郾城区	9.86
源汇区	4.81
召陵区	9.67
舞阳县	18.54
临颍县	19.59
区域合计	62.46

如表 5－22 漯河市各研究区域绿化堆肥潜在需求量所示，研究对象 3 个区、2 个县绿化堆肥潜在需求总量约为 62.46 千吨/年。各研究区域中堆肥潜在需求量最大的是临颍县，其堆肥潜在需求量约为 19.59 千吨/年；其次为舞阳县，其堆肥潜在需求量约为 18.54 千吨/年。源汇区绿化对堆肥的需求量约为 4.81 千吨/年，居于全市最后一位，主要原因是该区域面积在各研究区域中最小，绿化面积也最小。

三、漯河市各研究区域有机生活垃圾堆肥潜在供给量的计算

1. 漯河市各研究区域有机生活垃圾产生量的计算　漯河市各研究区域有机生活垃圾产生量根据第四章式（4－2）进行计算。各研究区域人口 E_i 根据统计年鉴[79]，人均垃圾产生量 W 参考文献约为 1.1 千克/天[72-73]，有机生活垃圾的含有率 N 参考文献约为 40%[4]，计算出漯河市各研究区域有机生活垃圾产生量 C_i，计算结果如表 5－23 所示。

表 5-23　2020 年漯河市各研究区域人口及有机生活垃圾产生量

各区域	人口（万人）	有机生活垃圾产生量（千吨/年）
郾城区	51.73	83.08
源汇区	34.46	55.34
召陵区	50.43	80.99
舞阳县	56.44	90.64
临颍县	73.76	118.46
区域合计	266.82	428.51

2. 漯河市各研究区域有机生活垃圾堆肥潜在供给量的计算

根据第四章式（4-3），对漯河市各区域有机生活垃圾潜在供给量进行计算。漯河市各区域有机生活垃圾产生量 C_i 依据以上计算结果，有机生活垃圾的堆肥率参考文献约为 30%[4]，计算出漯河市各研究区域的有机生活垃圾堆肥潜在供给量 G_i，计算结果如表 5-24 所示。

表 5-24　2020 年漯河市各研究区域有机生活垃圾堆肥潜在供给量

各区域	堆肥潜在供给量（千吨/年）
郾城区	24.92
源汇区	16.60
召陵区	24.30
舞阳县	27.19
临颍县	35.54
区域合计	128.55

如表 5－24 所示，漯河市各研究区域有机生活垃圾堆肥绿化利用的潜在供给总量约为 128.55 千吨/年。各区域中堆肥潜在供给量最大的是临颍县，约为 35.54 千吨/年，约占研究区域有机生活垃圾堆肥潜在供给量的 27.64%；堆肥潜在供给量最小的是源汇区，约为 16.60 千吨/年，约占研究区域有机生活垃圾堆肥潜在供给量的 12.91%。临颍县在各研究区域中，人口最多，因此，产生的生活垃圾最多。源汇区在各研究区域中占地面积小，居住人口少，对物质的消耗较小，产生的生活垃圾最少，所以该研究区域堆肥潜在供给量最小。

四、漯河市各研究区域有机生活垃圾堆肥需求供给平衡分析

漯河市各研究区域，有机生活垃圾堆肥绿化施用的需供比的计算结果如表 5－25 所示。漯河市研究区域绿化堆肥潜在需求总量约为 62.46 千吨/年，有机生活垃圾堆肥资源潜在供给量约为 128.55 千吨/年，需供比约为 0.49。需供比低于 1.00，即该研究对象地区对堆肥的需求量小于供给量，出现供大于求的现象。研究结果表明，漯河市整体有机生活垃圾不能全量被该地区的绿化堆肥所利用，并且有较大的剩余。另外，研究对象 3 个区、2 个县的需供比均小于 1.00。其中郾城区需供比为 0.40，源汇区需供比为 0.29，召陵区需供比为 0.40，舞阳县需供比为 0.68，临颍县需供比为 0.55，主要是因为研究对象各研究区域人均绿化面积较小，有机生活垃圾产生量较大。

表 5-25 漯河市各研究区域有机生活垃圾堆肥绿化施用的需供比

各区域	堆肥潜在需求量（千吨/年）	堆肥潜在供给量（千吨/年）	需供比
郾城区	9.86	24.92	0.40
源汇区	4.81	16.60	0.29
召陵区	9.67	24.30	0.40
舞阳县	18.54	27.19	0.68
临颍县	19.59	35.54	0.55
区域合计	62.46	128.55	0.49

五、结论

本节以漯河市行政区域内的 3 个区和 2 个县为研究对象，假定研究区域生活垃圾分类收集后对有机生活垃圾堆肥进行绿化循环利用。首先，通过漯河市各研究区域的绿化面积，对其有机生活垃圾堆肥潜在需求量进行推算；其次，根据研究区域的人口数量、人均生活垃圾产生量和有机生活垃圾含有率，计算出各区域有机生活垃圾产生量；最后，通过有机生活垃圾堆肥率，对其转换为堆肥的潜在供给量进行估算。根据以上计算结果，对漯河市有机生活垃圾堆肥绿化循环利用的需求供给平衡进行定量分析，2020 年漯河市绿化堆肥潜在需求总量约为 62.46 千吨/年，有机生活垃圾堆肥资源潜在供给量约为 128.55 千吨/年，需供比约为 0.49。研究结果表明，漯河市有机生活垃圾堆肥不但能满足本区域的绿化利用，而且还出现大量剩余。因此，在实际利用中考虑支持周边堆肥绿化使用不足区域的效率化利用很有必要。

第六节　三门峡市

一、三门峡市概要

1. 地理位置　三门峡市位于河南省的西部，豫、晋、陕三省的交界处，地处东经 110°21′42″—112°01′24″、北纬 33°31′24″—35°05′48″。东临洛阳，西接陕西，北隔黄河与山西相望，南连伏牛山与南阳接壤。该市东西长 153 千米，南北宽 132 千米，总占地面积为 9 935 千米^2。交通运输条件优越，境内陇海铁路、郑西高铁、连云港霍尔果斯高速横贯东西，三门峡淅川高速、209 国道纵穿南北，乡村公路交织成网。三门峡市现辖 2 个区（湖滨区、陕州区）、2 个县级市（灵宝市、义马市）、2 个县(卢氏县、渑池县)。

2. 气候　三门峡市属暖温带大陆性季风气候。四季分明，春秋短而冬夏长，春季干燥多大风，夏季炎热多雨水，秋季温和湿润，冬季雨雪少且冷，光、热和水量集中，历年平均气温 14.2℃，年平均日照时数 2 354.3 小时，全年日照时间约 2 051.6 小时，历年无霜期 184～218 天，平均年降水量 400～700 毫米。

3. 地形地貌　三门峡市地势西南高、东北低，差异明显，地表形态复杂多样，有山地、丘陵、河谷、平原等多种类型，大体为“五山四陵一分川”，即山地占 54.8%，丘陵占 36%，平原占 9.2%。

4. 水资源　三门峡市河流沟溪众多，共有河溪 3 000 多条，其中较大河流 29 条，分属黄河、长江两大水系。黄河水系主要有黄河干流、洛河、弘农涧河、青龙涧河、枣香河等，长江水系主要有老灌河、淇河。全市多年平均水资源总量 17.46 亿米^3（不含黄河入境水），人均水资源占有量 760 米^3，黄河干流年平均过境水量 420 亿米^3，三门峡水库设计总容量 96 亿米^3，正常调蓄量 18 亿～20 亿米^3。陕州区矿温泉，属于钙钠型优质高温矿泉水，内含锂、钒、碘等 42 种对人体健康有益的微量元素，是全国少有的优质矿泉水。

5. 动植物 三门峡市动植物资源丰富，动物仅野生陆栖脊椎动物就达 140 多种。其中爬行类 20 种，鸟类 70 多种，哺乳类 42 种，两栖类 8 种。主要有：国际保护动物金钱豹，国家一级保护动物苏门羚，国家二级保护动物天鹅、豆雁、环颈雉、鸳鸯、水獭、麝等，省级保护动物红腹锦鸡、鹿、密狗、猫头鹰等。全市维管束植物 144 科 780 余属 2 100 余种。

二、三门峡市各研究区域绿化堆肥潜在需求量的计算

1. 三门峡市各研究区域绿化面积 三门峡市行政区域由 2 个区、2 个县级市和 2 个县组成，即湖滨区、陕州区、灵宝市、义马市、卢氏县和渑池县。本研究以漯河市的 2 个区、2 个县级市和 2 个县为研究对象，对该研究区域的有机生活垃圾堆肥绿化利用的需求供给平衡进行讨论。根据文献[80]和对三门峡市林业和园林局及市政管理局的实地调研结果，统计出各研究区域 2020 年的绿化面积如表 5－26 所示。研究对象三门峡市的总体绿化种植面积约为 5 062.0 公顷，主要绿化种植城市区域（湖滨区、陕州区两区合计）绿化种植面积最大约为 2 327.5 公顷。三

门峡市所辖各市、县、区中，湖滨区与陕州区的绿地面积较广，分别为 1 298.5 公顷与 1 029.0 公顷，两区域均处于三门峡市区，因此绿化建设较为完善，这也是两区内绿化面积较大的主要原因之一。卢氏县绿地面积较小为 307.0 公顷，因其地处山区，县城建成区面积较小，且发展较为缓慢，县城内绿化设施建设较少。

表 5－26　2020 年三门峡市各研究区域绿化面积

各区域	绿化面积（公顷）
湖滨区	1 298.5
陕州区	1 029.0
义马市	640.5
灵宝市	857.0
卢氏县	307.0
渑池县	930.0
区域合计	5 062.0

2. 三门峡市各研究区域绿化堆肥潜在需求量的计算　根据第四章式（4－1），三门峡市各区域绿化面积 A 参照表 5－26，绿地的堆肥施用基准量 B 参考文献约为 20 吨/(公顷・年)[71]，计算出三门峡市各研究区域的绿化堆肥潜在需求量，计算结果如表 5－27 所示。

表 5－27　三门峡市各研究区域绿化堆肥潜在需求量

各区域	堆肥潜在需求量（千吨/年）
湖滨区	25.97
陕州区	20.58
义马市	12.81
灵宝市	17.14

（续）

各区域	堆肥潜在需求量（千吨/年）
卢氏县	6.14
渑池县	18.60
区域合计	101.24

如表5-27三门峡市各研究区域绿化堆肥潜在需求量所示，研究对象2个区、2个县级市、2个县绿化堆肥潜在需求总量约为101.24千吨/年。各研究区域中堆肥潜在需求量最大的是湖滨区，约为25.97千吨/年，卢氏县的堆肥潜在需求量最小为6.14千吨/年，其余各地区堆肥潜在需求量依次为陕州区20.58千吨/年、渑池县18.60千吨/年、灵宝市17.14千吨/年、义马市12.81千吨/年。

三、三门峡市各研究区域有机生活垃圾堆肥潜在供给量的计算

1. 三门峡市各研究区域有机生活垃圾产生量的计算 三门峡市各研究区域有机生活垃圾产生量根据第四章式（4-2）进行计算。各研究区域人口 E_i 根据统计年鉴[80]，人均垃圾产生量 W 参考文献约为1.1千克/天[72-73]，有机生活垃圾的含有率 N 参考文献约为40%[4]，计算出三门峡市各研究区域有机生活垃圾产生量 C_i，计算结果如表5-28所示。

表5-28 2020年三门峡市各研究区域人口及有机生活垃圾产生量

各区域	人口（万人）	有机生活垃圾产生量（千吨/年）
湖滨区	30.37	48.77

（续）

各区域	人口（万人）	有机生活垃圾产生量（千吨/年）
陕州区	17.63	28.31
义马市	14.30	22.97
灵宝市	35.42	56.88
卢氏县	15.24	24.48
渑池县	18.41	29.57
区域合计	131.37	210.98

2. 三门峡市各研究区域有机生活垃圾堆肥潜在供给量的计算　根据第四章式（4－3），对三门峡市各区域有机生活垃圾潜在供给量进行计算。三门峡市各区域有机生活垃圾产生量 C_i 依据以上计算结果，有机生活垃圾的堆肥率参考文献约为 30%[4]，计算出三门峡市各研究区域的有机生活垃圾堆肥潜在供给量 G_i，计算结果如表 5－29 所示。

表 5－29　2020 年三门峡市各研究区域有机生活垃圾堆肥潜在供给量

各区域	堆肥潜在供给量（千吨/年）
湖滨区	14.63
陕州区	8.49
义马市	6.89
灵宝市	17.07
卢氏县	7.34
渑池县	8.87
区域合计	63.29

如表 5－29 所示，三门峡市各研究区域有机生活垃圾堆肥绿

化利用的潜在供给总量约为 63.29 千吨/年。各区域中堆肥潜在供给量最大的是灵宝市，约为 17.07 千吨/年，约占研究区域有机生活垃圾堆肥潜在供给总量的 26.97%；堆肥潜在供给量最小的是义马市，约为 6.89 千吨/年，约占研究区域有机生活垃圾堆肥潜在供给总量的 10.89%。其中灵宝市在各研究区域中，人口最多，因此产生的生活垃圾最多。义马市地处矿区，常驻城镇人口较少而导致生活垃圾的产生量较少。其余各区域堆肥潜在供给量由多至少依次为湖滨区、渑池县、陕州区、卢氏县。

四、三门峡市各研究区域有机生活垃圾堆肥需求供给平衡分析

三门峡市各研究区域，有机生活垃圾堆肥绿化施用的需供比的计算结果如表 5-30 所示。三门峡市研究区域绿化堆肥潜在需求总量约为 101.24 千吨/年，有机生活垃圾堆肥资源潜在供给量约为 63.29 千吨/年，需供比约为 1.60。研究结果表明，该研究对象整体有机生活垃圾转化为堆肥资源后全量可以被该地区的绿化所利用，而且呈现较为严重的供不应求局面。其中 2 个区、2 个县级市、2 个县中的堆肥需供比存在一定的偏差。灵宝市的有机生活垃圾堆肥绿化利用需供比约为 1.00，处于需求与供给完全平衡状态。需供比大于 1.00 的区域有陕州区 2.42、渑池县 2.10、义马市 1.86、湖滨区 1.77，均处于需求严重大于供给的状态。以上区域人口较少、人均绿化面积较大是造成此结果的主要原因。需供比小于 1.00 的仅有卢氏县，约为 0.84。卢氏县地处山区，发展较为缓慢，建成区面积较小，而且绿化设施建设并不完善是造成该现象的主要原因。

表 5-30　三门峡市各研究区域有机生活垃圾堆肥绿化施用的需供比

各区域	堆肥潜在需求量（千吨/年）	堆肥潜在供给量（千吨/年）	需供比
湖滨区	25.97	14.63	1.77
陕州区	20.58	8.49	2.42
义马市	12.81	6.89	1.86
灵宝市	17.14	17.07	1.00
卢氏县	6.14	7.34	0.84
渑池县	18.60	8.87	2.10
区域合计	101.24	63.29	1.60

五、结论

本节以三门峡市行政区域内的 2 个区、2 个县级市、2 个县为研究对象，假定研究区域生活垃圾分类收集后有机生活垃圾堆肥进行绿化循环利用。首先，通过三门峡市各研究区域的绿化面积，对有机生活垃圾堆肥潜在需求量进行推算；其次，根据研究区域的人口数量、人均生活垃圾产生量和有机生活垃圾含有率，计算出各区域有机生活垃圾产生量；最后，通过有机生活垃圾堆肥率，对其转换为堆肥的潜在供给量进行估算。根据以上计算结果，对三门峡市研究区域有机生活垃圾堆肥循环利用于绿化的需求供给平衡进行定量分析，2020 年三门峡市研究区域绿化堆肥潜在需求总量约为 101.24 千吨/年，有机生活垃圾堆肥资源潜在供给量约为 63.29 千吨/年，需供比约为 1.60。研究结果表明，三门峡市整体有机生活垃圾转化为堆肥资源可以全量被该地区的绿化所利用，而且呈现较为严重的需求大于供给局面。各研究区域中，灵宝市处于需求与供给完全平衡状态；陕州区、渑池县、义马市、湖滨区，均处于严重的供不应求的状态，以上区域人口较少、人均绿化面积较大是造成此结果的主要原因；而卢氏县处于供过于求的局面，是因为其地处山区，发展较为缓慢，建成区面积较小，而且绿化设施建设并不完善。

第七节　许 昌 市

一、许昌市概要

1. 地理位置　许昌市位于河南省中部，东经113°03′—114°19′、北纬33°42′—34°24′，面积4 996千米^2。东邻周口市，南接漯河市，西临平顶山市，北接郑州市，东北与开封市毗邻。许昌交通便利，市区距省会郑州市80千米，距新郑国际机场50千米，311国道、地方铁路横穿东西，京广铁路、京港澳高速公路、107国道纵贯南北。

2. 气候　许昌市隶属北暖温带季风气候区，热量资源丰富，雨量充沛，阳光充足，无霜期长。因属大陆性季风气候，多旱、涝、风、冰雹等气象灾害。全市四季气候特征：春季干旱多风沙，夏季炎热雨集中，秋季晴和气爽日照长，冬季寒冷少雨雪。历年平均气温在14.3～14.6℃；魏都区最高为14.6℃；最暖年是1961年，年平均气温为15.4～15.9℃；最冷年为1984年，年平均气温为13.4～13.7℃；暖冷年平均气温相差2.0～2.2℃。年极端最高气温为44℃，出现在1966年7月19日的鄢陵县；年极端最低气温为－17.4℃，出现在1955年1月6日现在的魏都区。最热月在 7 月，平均气温为 27.2～27.4℃；最冷月在 1 月，平均气温为 0～0.5℃。

3. 地形地貌　许昌市西部为低山丘陵，最高海拔 1 150 米；东部为淮海平原西缘，最低海拔 50 米。地势西北高、东南低，自西北向东南缓慢倾斜。地貌景观呈东西向分带，按地貌成因及形态组合，可分为平原、山地和岗地三大类。

4. 水资源　颍汝干渠被称为许昌的母亲河，清淠河、护城河、运粮河和清泥河等河流因不同的原因需要借水，而向它们供水的颍汝干渠则成了不折不扣的许昌水源生命线。颍汝干渠开挖于 20 世纪 70 年代末，全长 45 千米，西起襄城县北汝河的武湾闸，向西北流经襄城县、建安区，经魏都区汇入石梁河。颍汝干渠最初设计流量为每秒 25 米^3，分别承担着大型灌溉农业用水、市区生态用水、市区生活用水备用水源和部分工业用水的任务。

5. 动植物　许昌市境内经普查有维管束植物 124 科 411 属 719 种，其中野生植物 448 种，栽培植物 271 种。按自然森林植被破坏后而大部分低山丘陵为草灌丛植初分类，属华北区豫西山地和黄淮平原亚区植物区。许昌市动物区系属于华北区的黄淮平原亚区，按河南省动物区划属于豫东北平原动物地理省和西崤山山地黄土丘陵动物地理省。全市共有主要动物 135 种。

二、许昌市各研究区域绿化堆肥潜在需求量的计算

1. 许昌市各研究区域绿化面积　许昌市行政区域由 2 个区、2 个县级市和 2 个县组成，即魏都区、建安区、禹州市、长葛市、鄢陵县和襄城县。本研究以许昌市的 2 个区、2 个县级市和 2 个县为研究对象，对该研究区域的有机生活垃圾堆肥绿化利用

的需求供给平衡进行讨论。根据文献[81]和对许昌市园林绿化中心及市政管理局的实地调研结果，统计出许昌市各研究区域2020年的绿化面积如表5-31所示。研究对象许昌市的总体绿化种植面积约为7 352.13公顷，其中魏都区处于城市核心区绿化面积最大，约为2 386.97公顷，占许昌市总体绿化面积的32.47%；建安区绿化面积最小，约为620.13公顷，占许昌市总体绿化面积的8.43%。禹州市绿化面积约为1 629.00公顷，占许昌市总体绿化面积的22.16%；鄢陵县绿化面积约为1 035.32公顷，占许昌市总体绿化面积的14.08%；长葛市约为967.00公顷，占许昌市总体绿化面积的13.15%；襄城县绿化面积为713.71公顷，占许昌市总体绿化面积的9.70%。

表5-31　2020年许昌市各研究区域绿化面积

各区域	绿化面积（公顷）
魏都区	2 386.97
建安区	620.13
鄢陵县	1 035.32
襄城县	713.71
禹州市	1 629.00
长葛市	967.00
区域合计	7 352.13

2. 许昌市各研究区域绿化堆肥潜在需求量的计算　根据第四章式（4-1），许昌市各区域绿化面积 A 参照表5-31，绿地的堆肥施用基准量 B 参考文献约为20吨/(公顷·年)[71]，计算出许昌市各研究区域的绿化堆肥潜在需求量，计算结果如表5-32所示。

表 5-32　许昌市各研究区域绿化堆肥潜在需求量

各区域	堆肥潜在需求量（千吨/年）
魏都区	47.74
建安区	12.40
鄢陵县	20.71
襄城县	14.27
禹州市	32.58
长葛市	19.34
区域合计	147.04

如表 5-32 许昌市各研究区域绿化堆肥潜在需求量所示，研究对象 2 个区、2 个县级市、2 个县绿化堆肥潜在需求总量约为 147.04 千吨/年。魏都区堆肥潜在需求量为 47.74 千吨/年，约占全市总需求量的 32.47%，位居全市第一。建安区堆肥潜在需求量为 12.40 千吨/年，占许昌市总需求量的 8.43%，在各研究区域中需求最小。其余地区依此递减排序为禹州市、鄢陵县、长葛市、襄城县；禹州市堆肥潜在需求量为 32.58 千吨/年，约占全市总需求量的 22.16%；鄢陵县堆肥潜在需求量为 20.71 千吨/年，约占全市总需求量的 14.08%；长葛市堆肥潜在需求量为 19.34 千吨/年，约占全市总需求量的 13.15%；襄城县堆肥潜在需求量为 14.27 千吨/年，约占全市总需求量的 9.70%。

三、许昌市各研究区域有机生活垃圾堆肥潜在供给量的计算

1. 许昌市各研究区域有机生活垃圾产生量的计算　许昌市各研究区域有机生活垃圾产生量根据第四章式（4-2）进行计

算。各研究区域人口 E_i 根据统计年鉴[81]，人均垃圾产生量 W 参考文献约为 1.1 千克/天[72-73]，有机生活垃圾的含有率 N 参考文献约为 40%[4]，计算出许昌市各研究区域有机生活垃圾产生量 C_i，计算结果如表 5－33 所示。

表 5－33　2020 年许昌市各研究区域人口及有机生活垃圾产生量

各区域	人口（万人）	有机生活垃圾产生量（千吨/年）
魏都区	50.70	81.42
建安区	35.49	57.00
鄢陵县	25.55	41.03
襄城县	30.47	48.93
禹州市	59.02	94.79
长葛市	40.32	64.75
区域合计	241.55	387.93

2. 许昌市各研究区域有机生活垃圾堆肥潜在供给量的计算

根据第四章式（4－3），对许昌市各区域有机生活垃圾潜在供给量进行计算。许昌市各区域有机生活垃圾产生量 C_i 依据以上计算结果，有机生活垃圾的堆肥率参考文献约为 30%[4]，计算出许昌市各研究区域的有机生活垃圾堆肥潜在供给量 G_i，计算结果如表 5－34 所示。

表 5－34　2020 年许昌市各研究区域有机生活垃圾堆肥潜在供给量

各区域	堆肥潜在供给量（千吨/年）
魏都区	24.43
建安区	17.10
鄢陵县	12.31

（续）

各区域	堆肥潜在供给量（千吨/年）
襄城县	14.68
禹州市	28.44
长葛市	19.43
区域合计	116.38

如表 5－34 所示，许昌市研究区域有机生活垃圾堆肥绿化利用的潜在供给总量约为 116.38 千吨/年。各区域中堆肥潜在供给量最大的是禹州市，其有机生活垃圾堆肥潜在供给量为 28.44 千吨/年，约占研究区域堆肥潜在供给总量的 24.43%。鄢陵县有机生活垃圾堆肥潜在供给量在各区域中最小，为 12.31 千吨/年，约占研究区域整体的 10.58%。另外，魏都区堆肥潜在供给量约为 24.43 千吨/年，约占 20.99%；长葛市堆肥潜在供给量约为 19.43 千吨/年，约占 16.69%；建安区堆肥潜在供给量约为 17.10 千吨/年，约占 14.69%；襄城县堆肥潜在供给量约为 14.68 千吨/年，约占 12.61%。

四、许昌市各研究区域有机生活垃圾堆肥需求供给平衡分析

许昌市各研究区域，有机生活垃圾堆肥绿化施用的需供比的计算结果如表 5－35 所示。许昌市研究区域绿化堆肥潜在需求总量约为 147.04 千吨/年，有机生活垃圾堆肥资源潜在供给量约为 116.38 千吨/年，需供比约为 1.26。研究结果表明，该研究对象整体有机生活垃圾转化为堆肥资源全量可以被该地区的绿化所利

用。但是2个区、2个县级市、2个县的堆肥需供比存在一定的偏差，建安区的堆肥需供比约为0.73，需求量小于供给量。襄城县、禹州市、长葛市的需求量与供给量基本平衡，襄城县的需供比约为0.97，禹州市需供比约为1.15，长葛市约为1.00。魏都区、鄢陵县处于需求量远大于供给量的状况。其中魏都区的需供比为1.95，鄢陵县需供比为1.68。

表5-35　许昌市各研究区域有机生活垃圾堆肥绿化施用的需供比

各区域	堆肥需求量（千吨/年）	堆肥潜在供给量（千吨/年）	需供比（需求量/供给量）
魏都区	47.74	24.49	1.95
建安区	12.40	17.15	0.73
鄢陵县	20.71	12.34	1.68
襄城县	14.27	14.72	0.97
禹州市	32.58	28.51	1.15
长葛市	19.34	19.48	1.00
区域合计	147.04	116.38	1.26

五、结论

本节以许昌市行政区域内的2个区、2个县级市、2个县为研究对象，假定研究区域生活垃圾分类收集后有机生活垃圾堆肥进行绿化循环利用。首先，通过许昌市各研究区域的绿化面积，对有机生活垃圾堆肥潜在需求量进行推算；其次，根据研究区域的人口数量、人均生活垃圾产生量和有机生活垃圾含有率，计算出各区域有机生活垃圾产生量；最后，通过有机生活垃圾堆肥率，对其转换为堆肥的潜在供给量进行估算。根据以上计算结果，对许昌市研究区域有机生活垃圾堆肥循环利用于绿化的需求供给平衡进行定量分析，2020 年许昌市研究区域绿化堆肥潜在需求总量约为 147.04 千吨/年，有机生活垃圾堆肥资源潜在供给量约为 116.38 千吨/年，需供比约为 1.26，表明该研究对象整体有机生活垃圾转化为堆肥资源全量可以被该地区的绿化所利用。但是 2 个区、2 个县级市、2 个县的有机生活垃圾堆肥需供比存在一定的偏差，建安区的堆肥需求量小于供给量，有机生活垃圾堆肥资源完全可以满足研究区域的绿化利用；禹州市、长葛市、襄城县的需求供给基本处于平衡状态；魏都区、鄢陵县的需求量大于供给量，完全不能实现自给自足。

第八节　商 丘 市

一、商丘市概要

1. 地理位置　商丘市位于河南省的东部，地处黄河南岸，是豫、鲁、苏、皖四省的接合处，是京九铁路和陇海铁路、310 国道和 1055 国道的交会处，是全国性综合交通枢纽。商丘市地处东经 114°49′—116°39′、北纬 33°43′—34°52′。市域面积 10 704 千米^2，东西长约 168 千米，南北宽约 128 千米。1997 年，撤地设商丘市。2017 年，商丘市下辖 6 个县、2 个区、1 个市及 1 个城乡一体化示范区。商丘与多个重要城市相邻，东望安徽淮北、江苏徐州，西接河南开封，南襟河南周口、安徽亳州，北临山东菏泽、济宁。

2. 气候　商丘属暖温带半湿润大陆性季风气候，春暖、夏热、秋凉、冬寒，四季分明，年平均气温 14.7℃，年平均相对湿度

70.5%，年均降水量 741 毫米，全年日照时数合计平均 1 883.83 小时，无霜期约 210 天。商丘市冬季多偏北风，寒冷干燥；春季风多日暖，干旱少雨；夏季受偏南风影响，炎热多雨，适合农作物生长，但亦间有阵雨、冰雹带来危害；秋季雨量偏少，日照充足。冬季较长，夏季次之，春、秋两季明显较短。

3. 地形地貌　商丘市的地形以平原为主。地形平坦，西北部海拔最高，约为 69.5 米；东南部海拔最低，约为 30.3 米。由于黄河多次的泛滥和改道，以及雨水和人类活动等带来的影响，使商丘构成多种复杂的平原地貌。商丘市域平原面积 10 623 千米^2，约占全市总面积的 99.24%；山丘面积 81 千米^2，约占总面积的 0.76%。地貌按其成因和形态特征，分为黄河冲积平原、淮河冲积平原、剥蚀残丘三大类型区，主要为黄河冲积平原区。

4. 水资源　商丘市属淮河流域，河流大多自西北向东南流。汛期水位、流量变化很大。商丘市境内有惠济河、通惠河、大沙河等 8 条主要河流，径流量年内变化大，平均径流深 76.8 毫米。

5. 植物资源　商丘市的植被类型比较单一，但是植物资源较丰富。农作物以玉米、油菜等为主。可食用的野菜有荠菜、小蓟、香椿、榆、刺槐等。商丘市的桐木数量和资源十分丰富。商丘市的土壤类型主要包括潮土、砂姜黑土、褐土和盐碱土。商丘市潮土面积最大，分布最广，主要分布在黄河故道、堤外滩地、大型河河床、堤坡两侧和封闭或半封闭的碟形洼地。砂姜黑土主要分布在商丘市东部，面积为 114.6 万亩，占全市土壤面积的 3.8%。

二、商丘市各研究区域绿化堆肥潜在需求量的计算

1. 商丘市各研究区域绿化面积　商丘市行政区域由 2 个区、

1个县级市和6个县组成，即梁园区、睢阳区、永城市、夏邑县、虞城县、柘城县、宁陵县、睢县和民权县。本研究以商丘市行政区域6个县、2个区和1个县级市为研究对象，对该研究区域的有机生活垃圾堆肥绿化利用的需求供给平衡进行讨论。根据文献[82]和对商丘市园林绿化中心及市政管理局的实地调研结果，统计出商丘市各研究区域2020年的绿化面积如表5-36所示。研究对象的绿化总面积约为10 049.74公顷。其中，永城市的绿化面积在各区域中最多，约为2 039.60公顷，约占研究对象总绿化面积的20.30%。永城市作为河南省商丘市的代管县级市，自获得“国家园林城市”称号以来，永城市的市委、市政府就本着“既要金山银山，又要绿水青山”的指导思想，高度重视绿化工程建设，逐步形成了城乡绿化融为一体的绿地系统，并超额完成绿化任务。这也是永城市的绿化面积能够在商丘市6个县、2个区、1个市中达到最高的主要原因之一。梁园区在商丘市6个县、2个区、1个市中绿化面积最小，约为632.53公顷，仅占商丘市总绿化面积的6.29%。该研究区域物流业发达，占地面积较大，是豫、鲁、苏、皖四省交界地区最大的商贸、物流、信息中心，拥有大中型企业100余家，梁园区工业新城的刚刚崛起是造成该区域内绿化面积相对较小的主要原因。其余各区域的绿化面积分别是夏邑县1 409.65公顷、睢阳区1 253.15公顷、民权县1 197.23公顷、睢县970.20公顷、柘城县967.00公顷、虞城县859.10公顷、宁陵县721.28公顷。

2. 商丘市各研究区域绿化堆肥潜在需求量的计算 根据第四章式（4-1），商丘市各区域的绿化面积 A 参照表5-36，绿地的堆肥施用基准量 B 对文献值进行参考，约为20吨/(公顷·

年)[71]，计算出商丘市各研究区域的绿化堆肥潜在需求量，计算结果如表 5－37 所示。

表 5－36　2020 年商丘市各研究区域绿化面积

各区域	绿化面积（公顷）
夏邑县	1 409.65
虞城县	859.10
柘城县	967.00
宁陵县	721.28
睢县	970.20
民权县	1 197.23
梁园区	632.53
睢阳区	1 253.15
永城市	2 039.60
区域合计	10 049.74

表 5－37　商丘市各研究区域绿化堆肥潜在需求量

各区域	堆肥潜在需求量（千吨/年）
夏邑县	28.19
虞城县	17.18
柘城县	19.34
宁陵县	14.43
睢县	19.40
民权县	23.94
梁园区	12.65
睢阳区	25.06
永城市	40.79
区域合计	200.98

如表 5－37 商丘市各研究区域绿化堆肥潜在需求量所示，研究对象 6 个县、2 个区、1 个市绿化堆肥潜在需求总量约为 200.98 千吨/年。其中，永城市的城市绿化发展比较优越，同时绿化面积在 6 个县、2 个区、1 个市中所占比例最大，所以永城市的绿化对堆肥的需求量最大，约为 40.79 千吨/年。而梁园区属于工业新城绿化建设有待完善，绿化面积最小，因此，该研究区域的堆肥潜在需求量也最小，约为 12.65 千吨/年。此外，夏邑县的堆肥需求量约为 28.19 千吨/年、睢阳区约为 25.06 千吨/年、民权县约为 23.94 千吨/年、睢县约为 19.40 千吨/年、柘城县约为 19.34 千吨/年、虞城县约为 17.18 千吨/年、宁陵县约为 14.43 千吨/年，上述 6 个县、1 个区的堆肥需求量依次递减。

三、商丘市各研究区域有机生活垃圾堆肥潜在供给量的计算

1. 商丘市各研究区域有机生活垃圾产生量的计算 商丘市各研究区域有机生活垃圾产生量根据第四章式（4－2）进行计算。各研究区域人口 E_i 参考统计年鉴[82]，人均垃圾产生量 W 参考文献约为 1.1 千克/天[72-73]，有机生活垃圾的含有率 N 参考文献约为 40%[4]，计算出商丘市各研究区域有机生活垃圾产生量 C_i，计算结果如表 5－38 所示。

表 5－38 2020 年商丘市各研究区域人口及有机生活垃圾产生量

各区域	人口（万人）	有机生活垃圾产生量（千吨/年）
夏邑县	123.06	197.63
虞城县	112.09	180.02

（续）

各区域	人口（万人）	有机生活垃圾产生量（千吨/年）
柘城县	104.90	168.47
宁陵县	66.98	107.57
睢县	89.54	143.80
民权县	93.70	150.48
梁园区	62.90	101.02
睢阳区	86.87	139.51
永城市	158.11	253.92
区域合计	898.15	1 442.42

2. 商丘市各研究区域有机生活垃圾堆肥潜在供给量的计算

根据第四章式（4－3），对商丘市各区域有机生活垃圾潜在供给量进行计算。商丘市各区域有机生活垃圾发生量 C_i 依据以上计算结果，有机生活垃圾的堆肥率参考文献约为 30%[4]，计算出商丘市的有机生活垃圾堆肥潜在供给量 G_i，计算结果如表 5－39 所示。

表 5－39　2020 年商丘市各研究区域有机生活垃圾堆肥潜在供给量

各区域	堆肥潜在供给量（千吨/年）
夏邑县	59.29
虞城县	54.01
柘城县	50.54
宁陵县	32.27
睢县	43.14
民权县	45.14
梁园区	30.31
睢阳区	41.85
永城市	76.18
区域合计	432.73

如表 5－39 所示，商丘市各研究区域有机生活垃圾堆肥绿化利用的潜在供给总量约为 432.73 千吨/年。各区域中永城市有机生活垃圾的堆肥潜在供给总量最大，约为 76.18 千吨/年，约占商丘市堆肥潜在供给总量的 17.60%；梁园区堆肥潜在供给量最小，约为 30.31 千吨/年，仅占商丘市堆肥潜在供给总量的 7.0%。永城市的常住人口多，生活垃圾产生量大是造成此结果的主要原因；相反梁园区则常住人口少，所产生的生活垃圾量小，因此可转化的堆肥资源量较小。此外，夏邑县、虞城县、柘城县、民权县、睢县、睢阳区、宁陵县 6 个县、1 个区的有机生活垃圾堆肥潜在供给量呈现依次递减的趋势，分别为夏邑县 59.29 千吨/年、虞城县 54.01 千吨/年、柘城县 50.54 千吨/年、民权县 45.14 千吨/年、睢县 43.14 千吨/年、睢阳区 41.85 千吨/年以及宁陵县 32.27 千吨/年。

四、商丘市各研究区域有机生活垃圾堆肥需求供给平衡分析

商丘市各研究区域，有机生活垃圾堆肥绿化施用的需供比的计算结果如表 5－40 所示。商丘市绿化堆肥潜在需求量约为 200.98 千吨/年，有机生活垃圾堆肥资源潜在供给量约为 432.73 千吨/年，需供比约为 0.46。研究结果表明，该研究对象整体有机生活垃圾转化为堆肥资源不能全量被该地区的绿化所利用。商丘市各市、县、区的需供比均小于 1.00，呈现出不同程度的供过于求的局面。需供比依次为睢阳区 0.60、永城市 0.54、民权县 0.53、夏邑县 0.48、宁陵县和睢县 0.45、梁园区 0.42、柘城县 0.38、虞城县 0.32。

表 5-40 商丘市各研究区域有机生活垃圾堆肥绿化施用的需供比

各区域	堆肥潜在需求量（千吨/年）	堆肥潜在供给量（千吨/年）	需供比
夏邑县	28.19	59.29	0.48
虞城县	17.18	54.01	0.32
柘城县	19.34	50.54	0.38
宁陵县	14.43	32.27	0.45
睢县	19.40	43.14	0.45
民权县	23.94	45.14	0.53
梁园区	12.65	30.31	0.42
睢阳区	25.06	41.85	0.60
永城市	40.79	76.18	0.54
区域合计	200.98	432.73	0.46

五、结论

本节以商丘市行政区域内的 6 个县、2 个区、1 个市为研究对象，假定研究区域生活垃圾分类收集后有机生活垃圾堆肥进行绿化循环利用。首先，通过商丘市各研究区域的绿化面积，对有机生活垃圾堆肥潜在需求量进行推算；其次，根据商丘市各研究区域的人口数量、人均生活垃圾产生量和有机生活垃圾含有率，计算出各区域有机生活垃圾产生量；最后，通过有机生活垃圾堆肥率，对其转换为堆肥的潜在供给量进行估算。根据以上计算结果，对商丘市研究区域有机生活垃圾堆肥循环利用于绿化的需求供给平衡进行定量分析。2020 年，商丘市绿化堆肥潜在需求量约为 200.98 千吨/年，有机生活垃圾堆肥资源潜在供给量约为

432.73 千吨/年，需供比约为 0.46，表明研究对象整体有机生活垃圾转化为堆肥资源不能全量被该地区的绿化所利用。商丘市的 6 个县、2 个区、1 个市不同程度上呈现出堆肥供给量严重大于需求量的局面，该区域绿化面积较小、常住人口相对较多是造成此结果的主要原因。

第九节　周口市

一、周口市概要

1. **地理位置**　周口市位于河南省东南部，地处黄淮平原腹地，在北纬 33°03′—34°20′、东经 114°05′—115°39′。周口市东临安徽阜阳市、亳州市，西接漯河市、许昌市，南与驻马店市相连，北和开封市、商丘市接壤，市域面积 1.19 万千米^2。

2. **气候**　周口市地处暖温带南部，属亚热带向暖温带过渡区，为半湿润季风气候，热量、水分、光能等气候资源比较丰富，全年温度适宜，四季分明，降水集中，旱涝不均。年平均气温为 15.3℃，年平均降水量为 747.7 毫米。

3. **地形地貌**　周口市境内地势西北高、东南低，由西北向东南缓缓倾斜。海拔在 35.5～64.3 米，最高点在扶沟县西北尹郭北，最低点在沈丘县东南部南楼沟入泉河处。淮阳区刘振屯一带地表局部起伏较大，郸城县东部、沈丘县东部和东南部、项城市中部和南部海拔多在 40 米以下，地势低洼易涝。

4. **水资源**　周口市水资源总量约 29.81 亿米^3，人均 293.3 米^3，亩均 254.8 米^3。地表水年均资源量约 44.88 亿米^3。周口市属淮河流域，河流分为沙颍河、涡惠河、茨淮新河、洪汝河四大水系。其中，沙颍河水系最大，有沙颍河、贾鲁河、新运河、新蔡河、汾泉河等主要河流；涡惠河水系次之，有涡河、老涡河、铁底河、清水河等主要河流；茨淮新河水系是由沙颍河水系分出的新水系，有黑茨河、李贯河、晋沟河等主要河流；洪汝河水系流域面积最小。除沙颍河、贾鲁河外，其他均为平原坡水区季节性雨源型河道，汛期暴雨洪水显著，非汛期基流很少，甚至干涸。

5. 植物资源 周口市植被类型属暖温带落叶阔叶林，有植物170余种，名贵品种有白花泡桐、高口樱桃、陈老将梨及黄花菜、逍遥大葱、房坟韭菜、芦笋。周口市境内百年古树名木有488棵，其中500年以上的一级古树46棵。周口市境内有4个土类20个土属，主要是洪水冲积性黄褐土和沙质洪水冲积性潮褐土。市区土壤大致以沙颍河为界，以南多为砂姜黑土；以北是在黄河历代南泛的冲积物上经过耕耘形成的潮土，约占全市总面积的77%以上，土质疏松肥沃，适于农作物种植。

二、周口市各研究区域绿化堆肥潜在需求量的计算

1. 周口市各研究区域绿化面积 周口市行政区域由2个区、1个县级市和7个县组成，即川汇区、淮阳区、项城市、扶沟县、西华县、商水县、沈丘县、郸城县、太康县、鹿邑县。本研究以周口市行政区域2个区、1个县级市和7个县为研究对象，对研究区域的有机生活垃圾堆肥绿化利用的需求供给平衡进行讨论。根据文献[83]和对周口市园林管理处及市政管理处的实地调

研结果，统计出周口市各研究区域 2020 年的绿化面积如表 5－41 所示。周口市的绿化总面积为 12 364 公顷。其中，川汇区绿化面积约为 3 778 公顷，约占周口市总绿化面积的 30.56%，在周口市各区域中最大。西华县绿化面积最小约为 125 公顷，仅占总绿化面积的 1.01%。其余区域绿化面积从大到小依次为鹿邑县约 1 896 公顷、项城市约 1 508 公顷、郸城县约 1 354 公顷、太康县约 1 096 公顷、扶沟县约 917 公顷、淮阳区约 851 公顷、沈丘县约 670 公顷、商水县约 169 公顷。

表 5－41　2020 年周口市各研究区域绿化面积

各区域	绿化面积（公顷）
川汇区	3 778
淮阳区	851
扶沟县	917
商水县	169
沈丘县	670
郸城县	1 354
太康县	1 096
鹿邑县	1 896
项城市	1 508
西华县	125
区域合计	12 364

2. 周口市各研究区域绿化堆肥潜在需求量的计算　根据第四章式（4－1），周口市各区域绿化面积 A 参照表 5－41，绿地的堆肥施用基准量 B 参考文献约为 20 吨/（公顷·年）[71]，计算

出周口市各研究区域的绿化堆肥潜在需求量，计算结果如表 5 - 42 所示。

表 5 - 42 周口市各研究区域绿化堆肥潜在需求量

各区域	堆肥潜在需求量（千吨/年）
川汇区	75.56
淮阳区	17.02
扶沟县	18.34
西华县	2.50
商水县	3.38
沈丘县	13.40
郸城县	27.08
太康县	21.92
鹿邑县	37.92
项城市	30.16
区域合计	247.28

如表 5 - 42 周口市各研究区域绿化堆肥潜在需求量所示，研究对象 7 个县、2 个区、1 个市绿化堆肥潜在需求总量约为 247.28 千吨/年。其中，绿化堆肥潜在需求量最大的川汇区约为 75.56 千吨/年，该区域地处市区、绿化面积较大是主要原因。绿化堆肥潜在需求量最小的西华县约为 2.50 千吨/年，各研究区域中该区域绿化面积最小是造成此结果的主要原因。其余区域绿化堆肥潜在需求量从大到小依次为鹿邑县约 37.92 千吨/年、项城市约 30.16 千吨/年、郸城县约 27.08 千吨/年、太康县约 21.92 千吨/年、扶沟县约 18.34 千吨/年、淮阳区约 17.02 千吨/年、沈丘县约 13.40 千吨/年、商水县约 3.38 千吨/年。

三、周口市各研究区域有机生活垃圾堆肥潜在供给量的计算

1. 周口市各研究区域有机生活垃圾产生量的计算　周口市各研究区域有机生活垃圾产生量根据第四章式（4－2）进行计算。各研究区域人口 E_i 参考统计年鉴[83]，人均垃圾产生量 W 参考文献约为 1.1 千克/天[72-73]，有机生活垃圾的含有率 N 参考文献约为 40%[4]，计算出周口市各研究区域有机生活垃圾产生量 C_i，计算结果如表 5－43 所示。

表 5－43　2020 年周口市各研究区域人口及有机生活垃圾产生量

各区域	人口（万人）	有机生活垃圾产生量（千吨/年）
川汇区	73.46	117.98
淮阳区	104.39	167.65
扶沟县	55.87	89.73
西华县	69.54	111.68
商水县	93.39	149.98
沈丘县	92.81	149.05
郸城县	96.71	155.32
太康县	111.61	179.25
鹿邑县	92.47	148.51
项城市	95.05	152.65
区域合计	885.30	1 421.79

2. 周口市各研究区域有机生活垃圾堆肥潜在供给量的计算　根据第四章式（4－3），对周口市各区域有机生活垃圾潜在供给量进行计算。周口市各区域有机生活垃圾产生量 C_i 依据以上计算结果，有机生活垃圾的堆肥率参考文献约为 30%[4]，计算出

周口市各区域的有机生活垃圾堆肥潜在供给量 G_i，计算结果如表 5－44 所示。

表 5－44　2020 年周口市各研究区域有机生活垃圾堆肥潜在供给量

各区域	堆肥潜在供给量（千吨/年）
川汇区	35.39
淮阳区	50.30
扶沟县	26.92
西华县	33.50
商水县	45.00
沈丘县	44.72
郸城县	46.59
太康县	53.77
鹿邑县	44.55
项城市	45.80
区域合计	426.54

如表 5－44 所示，周口市各研究区域有机生活垃圾堆肥绿化利用的潜在供给总量约为 426.54 千吨/年。各区、市、县中堆肥潜在供给量最大的是太康县，约为 53.77 千吨/年，约占周口市堆肥潜在供给总量的 12.61%。该区域人口数量在周口市各区、市、县中最大是造成此结果的主要原因。另外，扶沟县有机生活垃圾堆肥潜在供给量约为 26.92 千吨/年，在周口市各区、市、县中处于最小值，仅占周口市堆肥潜在供给总量的 6.31%，该区域在 2 个区、1 个市、7 个县中居住人口最少是主要原因。其余有机生活垃圾堆肥潜在供给量从大到小依次为淮阳区约 50.30 千吨/年、郸城县约 46.59 千吨/年、项城市约 45.80 千吨/年、沈丘县约 44.72 千吨/年、鹿邑县约 44.55 千吨/年、商水县约 45.00

千吨/年、川汇区约 35.39 千吨/年、西华县约 33.50 千吨/年。

四、周口市各研究区域有机生活垃圾堆肥需求供给平衡分析

周口市各研究区域，有机生活垃圾堆肥绿化施用的需供比的计算结果如表 5-45 所示。周口市绿化堆肥潜在需求总量约为 247.28 千吨/年，有机垃圾堆肥潜在供给总量约为 426.54 千吨/年，需供比约为 0.58，表明周口市堆肥潜在需求量远小于潜在供给量，有机生活垃圾堆肥不能全量被绿化所利用。而且各区、市、县的需供比存在较大的偏差。川汇区需供比最大，约为 2.13，呈现严重的需求大于供给的局面，该区域人口适中且人均绿化面积最大是主要原因。其余各区域均处于需求量小于供给量状态。其中，西华县和商水县需供比分别为 0.07 和 0.08，在各区中处于最小值，绿化面积小是主要原因。淮阳区、沈丘县和太康县需供比处于 0.30～0.50，需求量不足供给量的 1/2。扶沟县、郸城县和项城市需供比在 0.50～0.80，需求量略大于供给量的 1/2。此外，鹿邑县需供比在 0.80～0.90，处于堆肥潜在供给量略大于堆肥潜在需求量状态。综上所述，该研究区域的有机生活垃圾堆肥需供比处于严重的两极分化局面，而且整体需求量小于供给量，呈现严重的供过于求的状态。

表 5-45　周口市各研究区域有机生活垃圾堆肥绿化施用的需供比

各区域	堆肥潜在需求量（千吨/年）	堆肥潜在供给量（千吨/年）	需供比
川汇区	75.56	35.39	2.13
淮阳区	17.02	50.30	0.34

（续）

各区域	堆肥潜在需求量（千吨/年）	堆肥潜在供给量（千吨/年）	需供比
扶沟县	18.34	26.92	0.68
西华县	2.50	33.50	0.07
商水县	3.38	45.00	0.08
沈丘县	13.40	44.72	0.30
郸城县	27.08	46.59	0.58
太康县	21.92	53.77	0.41
鹿邑县	37.92	44.55	0.85
项城市	30.16	45.80	0.66
区域合计	247.28	426.54	0.58

五、结论

本节以周口市行政区域内的7个县、2个区、1个市为研究对象区域，假定研究区域生活垃圾分类收集后有机生活垃圾堆肥进行绿化循环利用。首先，通过周口市各研究区域的绿化面积，对有机生活垃圾堆肥潜在需求量进行推算；其次，根据研究区域的人口数量、人均生活垃圾产生量和有机生活垃圾含有率，计算出各区域有机生活垃圾产生量；最后，通过有机生活垃圾堆肥率，对其转换为堆肥的潜在供给量进行估算。根据以上计算结果，对周口市有机生活垃圾堆肥循环利用于各区绿化的需求供给平衡进行定量分析。2020年，研究对象总体绿化堆肥潜在需求总量约为247.28千吨/年，有机垃圾堆肥潜在供给总量约为426.54千吨/年，需供比约为0.58，表明研究对象区域堆肥潜在需求量严重小于潜在供给量，有机生活垃圾堆肥不能全量被该区域的绿化所利用。而且周口市各县、区、市的需供比存在较大的偏差，而且除川汇区之外其余区域均需求量小于供给量，呈现严重的供过于求的状态。

第十节　安阳市

一、安阳市概要

1. **地理位置**　安阳市位于中国中北部、河南最北部，介于北纬35°41′—36°21′、东经113°38′—114°59′。地处山西、河北、河南三省交界处，西临长治，东接濮阳，北临邯郸，南接鹤壁、新乡。安阳市占地总面积约7 413千米^2，其中市区占地面积543.6千米^2。

2. **气候**　安阳市地处半湿润地区，属暖温带大陆性季风气候，四季分明、雨热同期。1981年以来，年平均气温14.3℃，年平均降水量585.2毫米，年平均本站气压1 005.2百帕，年平均相对湿度65%，年平均风速2.2米/秒，年平均无霜期219天。

3. **地形地貌**　安阳市地势西高东低。西部系太行山东麓，东部属黄淮海平原。地形复杂多样，平原、山地、丘陵、泊洼分别占总面积的53.8%、29.7%、10.8%、5.7%。

4. **水资源**　安阳市河流属于雨水补给类型，水位变化深受降水的季节变化和年际变化的影响，由于安阳市降水量季节分配不均匀、年际变化大，所以径流年内年际变化大，夏秋两季水位高，冬春两季为枯水期。安阳市除滑县东部为黄河流域外，其余大部分均属海河流域的漳卫南运河水系，主要河流有卫河、漳河、洹河（安阳河）、汤河、淇河等。

5. 植物资源 安阳市境有高等植物114科300多属1 000余种，其中栽培植物有200余种。种植的粮食作物有小麦、玉米、谷子、大豆、甘薯、水稻及大麦、高粱等杂粮。经济作物主要有棉花、花生、油菜、芝麻、麻类、烟草等。蔬菜据统计有13类69种316个品种。药用植物有800余种。木本植物共有75科480余种，乔木类410种。主要用材林有杨、柳、榆、槐、椿、泡桐、苦楝、栎类、油松、侧柏等。经济林类主要有核桃、山楂、板栗、苹果、柿、红枣、梨、杏、桃、李、黄楝、花椒等及有待开发的漆树、沙棘、椋子木、盐肤木等野生经济林木。珍稀树种有银杏、白皮松、红豆杉、大果榉、青檀、臭檀、吴萸等，银杏、红豆杉、青檀为国家和省重点保护树木。野生牧草有12科67种。

6. 土壤 安阳市的土壤类型丰富多样，包括棕壤、褐土、新积土、风沙土、石质土、粗骨土、潮土、砂姜黑土、水稻土和山地草甸土等。其中，潮土是安阳市的主要土壤类型之一，多发育在近代河流冲积物上，受地下水影响明显，经过人类的耕作熟化而形成。褐土则是半湿润型暖温带季风气候区的地带性土壤，广泛分布在安阳市的低山、丘陵、盆地及洪积平原地带。

7. 动物资源 安阳市共发现野生兽类26种，其中，金钱豹属一级保护动物，二级保护动物有水獭。鸟类有130多种，属一级保护动物的有金雕、玉带海雕、大鸨、秃鹫等；属二级保护的有大天鹅、小天鹅、斑嘴鹈鹕、鸢、苍鹰、雕鸮、长耳鸮、斑头鸺鹠、灰背隼、白尾鹞、灰鹤等20种。爬行动物有12种。人工饲养的动物家畜有牛、马、驴、骡、猪、羊、兔、狗、猫、鹿、貂、狐狸等；家禽有鸡、鸭、鹅、鸽、鹌鹑等，还有蚕、蜜蜂等。

二、安阳市各研究区域绿化堆肥潜在需求量的计算

1. 安阳市各研究区域绿化面积　安阳市市区由文峰区、北关区、殷都区、龙安区等 4 个区组成，以安阳市的 4 个区为研究对象，对该研究对象的有机生活垃圾堆肥绿化利用的需求供给平衡进行讨论。根据文献[84]和对安阳市园林绿化中心及城市管理局的实地调研结果，统计出各研究区域 2020 年的绿化面积如表 5-46 所示。安阳市市区绿化总面积约 3 213.00 公顷。文峰区绿化面积约为 867.51 公顷，约占市区总绿化面积的 27%。北关区绿化面积约为 642.60 公顷，为安阳市区中绿化面积最小的区域，约占市区总绿化面积的 20%。殷都区绿化面积约为 963.90 公顷，是 4 个区中绿化面积最大的区域，约占市区总绿化面积的 30%。龙安区绿化面积约为 738.99 公顷，约占市区总绿化面积的 23%。

表 5-46　2020 年安阳市各研究区域绿化面积

各区域	绿化面积（公顷）
文峰区	867.51
北关区	642.60
殷都区	963.90
龙安区	738.99
区域合计	3 213.00

2. 安阳市各研究区域绿化堆肥潜在需求量的计算　根据第四章式（4-1），安阳市各区域绿化面积 A 参照表 5-46，绿地

的堆肥施用基准量 B 参考文献约为 20 吨/(公顷·年)[71]，计算出安阳市各研究区域的绿化堆肥潜在需求量，计算结果如表 5－47 所示。

表 5－47　安阳市各研究区域绿化堆肥潜在需求量

各区域	堆肥潜在需求量（千吨/年）
文峰区	17.35
北关区	12.85
殷都区	19.28
龙安区	14.78
区域合计	64.26

如表 5－47 安阳市各研究区域绿化堆肥潜在需求量所示，研究对象安阳市市内 4 个区绿化堆肥潜在需求总量约为 64.26 千吨/年。其中堆肥潜在需求量最大的是殷都区，潜在需求量约为 19.28 千吨/年，约占安阳市市区绿化堆肥潜在需求总量的 30%。堆肥潜在需求量最小的是北关区，堆肥潜在需求量约为 12.85 千吨/年，约占安阳市市区绿化堆肥潜在需求总量的 20%。

三、安阳市各研究区域有机生活垃圾堆肥潜在供给量的计算

1. 安阳市各研究区域有机生活垃圾产生量的计算　安阳市各研究区域有机生活垃圾产生量根据第四章式（4－2）进行计算。各研究区域人口 E_i 根据统计年鉴[84]，人均垃圾产生量 W 参考文献约为 1.1 千克/天[72-73]，有机生活垃圾的含有率 N 参考文献约为 40%[4]，计算出安阳市各研究区域有机生活垃圾产生量

C_i，计算结果如表 5－48 所示。

表 5－48 2020 年安阳市各研究区域人口及有机生活垃圾产生量

各区域	人口（万人）	有机生活垃圾产生量（千吨/年）
文峰区	45.10	72.43
北关区	31.03	49.83
殷都区	68.58	110.14
龙安区	29.26	46.99
区域合计	173.97	279.40

2. 安阳市各研究区域有机生活垃圾堆肥潜在供给量的计算

根据第四章式（4－3），对安阳市各区域有机生活垃圾潜在供给量进行计算。安阳市各区域有机生活垃圾产生量 C_i 依据以上计算结果，有机生活垃圾的堆肥率参考文献约为 30%[4]，计算出安阳市各研究区域的有机生活垃圾堆肥潜在供给量 G_i，计算结果如表 5－49 所示。

表 5－49 2020 年安阳市各研究区域有机生活垃圾堆肥潜在供给量

各区域	堆肥潜在供给量（千吨/年）
文峰区	21.73
北关区	14.95
殷都区	33.04
龙安区	14.10
区域合计	83.82

如表 5－49 所示，安阳市各研究区域有机生活垃圾堆肥绿化利用的潜在供给总量约为 83.82 千吨/年。各区中堆肥潜在供给量最大的是殷都区，约为 33.04 千吨/年。该区域人口数量在各区中最多是造成此结果的主要原因。另外，龙安区有机生活垃圾

堆肥潜在供给量约为 14.10 千吨/年，在各区中处于最小值，该区域地处新城、居住人口较少而造成此结果。

四、安阳市各研究区域有机生活垃圾堆肥需求供给平衡分析

安阳市各研究区域，有机生活垃圾堆肥绿化施用的需供比的计算结果如表 5-50 所示。安阳市市区绿化堆肥潜在需求总量约为 64.26 千吨/年，有机垃圾堆肥潜在供给总量约为 83.82 千吨/年，需供比约为 0.77。研究结果表明，安阳市市区堆肥潜在需求量小于潜在供给量，有机生活垃圾堆肥不能全量被研究对象的绿化所利用。而且安阳市各研究区域的需供比存在较大的偏差。其中龙安区需供比约为 1.05，需求与供给基本处于平衡状态。龙安区人口较少但人均绿化面积在各区中最大是造成此结果的主要原因。另外，其余各区均处于需求量小于供给量状态。殷都区需供比最小，约为 0.58，该区人口最多但人均绿化面积最小是主要原因。此外，北关区和文峰区需供比在 0.80～0.90，处于堆肥潜在供给量略大于堆肥潜在需求量状态。

表 5-50　安阳市各研究区域有机生活垃圾堆肥绿化施用的需供比

各区域	堆肥潜在需求量（千吨/年）	堆肥潜在供给量（千吨/年）	需供比
文峰区	17.35	21.73	0.80
北关区	12.85	14.95	0.86
殷都区	19.28	33.04	0.58
龙安区	14.78	14.10	1.05
区域合计	64.26	83.82	0.77

五、结论

本节以安阳市的市内 4 个区为研究对象区域，假定研究区域生活垃圾分类收集后有机生活垃圾堆肥进行绿化循环利用。首先，通过安阳市各研究区域的绿化面积，对有机生活垃圾堆肥潜在需求量进行推算；其次，根据安阳市研究区域的人口数量、人均生活垃圾产生量和有机生活垃圾含有率，计算出各区有机生活垃圾产生量；最后，通过有机生活垃圾堆肥率，对其转换为堆肥的潜在供给量进行估算。根据以上计算结果，对研究区域有机生活垃圾堆肥循环利用于各区绿化的需求供给平衡进行定量分析。安阳市研究区域绿化堆肥潜在需求总量约为 64.26 千吨/年，有机垃圾堆肥潜在供给总量约为 83.82 千吨/年，需供比约为 0.77，其堆肥潜在需求量小于潜在供给量，有机生活垃圾堆肥不能全量绿化利用。而且安阳市市区 4 个区的需供比存在较大的偏差，其中龙安区需求与供给基本处于平衡状态，其余各区均处于需求量小于供给量状态，殷都区需供比最小约为 0.58。

第十一节 新 乡 市

一、新乡市概要

1. 地理位置 新乡市地处中原腹地、河南省北部，地理坐标为东经 113°23′—115°01′、北纬 34°53′—35°50′，中心位于东经 113°54′、北纬 35°18′。其南临黄河，与郑州、开封隔河相望；北依太行山脉，与鹤壁、安阳毗邻；西连焦作并与山西接壤；东接油城濮阳并与山东相连，总面积 8 249 千米^2。

2. **气候** 新乡市属暖温带大陆性季风气候，四季分明，冬寒夏热，秋凉春早。历年平均气温 14℃，7 月最热，平均 27.3℃；1 月最冷，平均 0.2℃。新乡市年均降水量为 573.4 毫米，各县间变幅为 549.9～644.4 毫米。少雨中心在原阳，多雨中心两个，分别在西北部的辉县山区和东部平原的长垣。降水量在季节分配上极不均匀，大致与冬、夏季风进退相一致。新乡市霜冻初日多出现在 10 月下旬，终日多出现在 4 月上旬，年均无霜期为 205 天。

3. **地形地貌** 新乡市地处黄河、海河两大流域，北依太行山脉，南濒黄河，地势北高南低，北部主要是太行山山地和丘陵岗地，南部为黄河冲积扇平原，平原占全市土地总面积的 78%。新乡市除西北隅太行山区至山前倾斜平原一带地势从晋豫边界向东南呈台阶式下降外，广大黄河冲积扇平原地势西南高而东北低，总体自辖区西南隅向东北倾斜，有中山、低山、丘陵、山间盆地和平原等多种地貌类型，土壤的分布与之密切相关。各类地貌的展布格局和延伸方向，除南部临黄一带受秦岭系东西向活动构造的控制外，其余地区大多受新华夏系北北东—北东向构造格局的控制。以北北东—北东向太行山前活动断裂为界，新生代以来，除西北隅地壳持续抬升隆起成山之外，其余地区持续下降成为黄河冲积扇平原。

4. **水资源** 新乡市地处黄河、海河两大水系，平原面积占 78%。水库容量 1.99 亿米^3。黄河流经新乡 170 千米，流域面积达 4 558 千米^2。源自南阳的“南水北调”中线工程，在新乡境内长度 77 千米，总投资约 52 亿元。南水北调通水后，该市每年可获得4亿米^{3}优质水。2017年全年水资源总量为10.79亿米^3，人均水资源量187米^3。在监控的722千米河段长度中，Ⅰ～Ⅲ类水质河段长122.2千米，Ⅳ类、Ⅴ类水质河段长84千米，劣Ⅴ类水质河段长516千米。

5. 动植物资源　新乡市全年造林面积12.5万亩，其中，人工造林面积9.5万亩。中幼林抚育作业面积13.1万亩。全市国家级自然保护区1个，面积达0.9万公顷；森林公园6个，面积达0.7万公顷。林木覆盖率达26.5%，森林覆盖率达22.3%。新乡市野生动物有480余种，其中内脊椎动物约174种，水獭、猕猴和山豹为国家二级保护动物。鸟类85种，黑鹳、白尾海雕、斑嘴鹈鹕和丹顶鹤为国家一级保护动物，天鹅、金雕、秃鹫为国家二级保护动物；鱼类50种，爬行类10种，两栖类5种。植物种类属温带类型，主要树种有79科193属476种，其中裸子植物有8科16属28种。被子植物有71科177属448种。药用植物999种。此外，还有淀粉和含糖植物60种，芳香植物40种，纤维植物50种，饲料植物约48科225种，以及草本植物100种。原阳麋鹿散养场为全国仅存的4家之一。截至2015年9月，原阳麋鹿散养基地的麋鹿数量为41头。

二、新乡市各研究区域绿化堆肥潜在需求量的计算

1. 新乡市各研究区域绿化面积　新乡市行政区域由4个区、3个县级市和5个县组成，分别为红旗区、卫滨区、凤泉区、牧野区、卫辉市、辉县市、长垣市、新乡县、获嘉县、原阳县、延津县、封丘县。由于通过文献调查和实地调研得到新乡市市区总体和各县的

绿化面积（未得到各区详细绿化面积），因此，本研究以新乡市行政区域内的市区（包含市内4个区）和3个县级市、5个县为研究对象，对该研究对象的有机生活垃圾堆肥绿化利用的需求供给平衡进行讨论。根据文献[85]和对新乡市园林绿化中心及城市管理局的实地调研结果，统计出研究对象2020年的绿化面积如表5-51所示。研究对象的绿化总面积为10 619.68公顷。绿化面积最大的是市区，其绿化面积约为4 985.65公顷，绿化覆盖率达41.17%，绿地率38.38%。目前，全市拥有草原面积96.53公顷、经济林202.93公顷、湿地面积400公顷。其次是长垣市，其绿化面积约为1 589.24公顷。长垣市属省直管市，经济发达，生态建设投入较大是该研究单位绿化面积较大的主要原因。

表5-51　2020年新乡市各研究区域绿化面积

各区域	绿化面积（公顷）
市区	4 985.65
辉县市	760.44
卫辉市	700.46
长垣市	1 589.24
新乡县	272.33
获嘉县	476.63
原阳县	776.35
延津县	390.31
封丘县	668.27
区域合计	10 619.68

2. 新乡市各研究区域绿化堆肥潜在需求量的计算　根据第四章式（4-1），新乡市各区域绿化面积 A 参照表5-51，绿地

的堆肥施用基准量 B 参考文献约为 20 吨/(公顷·年)[71]，计算出新乡市各研究区域的绿化堆肥潜在需求量，计算结果如表 5-52 所示。

表 5-52 新乡市各研究区域绿化堆肥潜在需求量

各区域	堆肥潜在需求量（千吨/年）
市区	99.71
辉县市	15.21
卫辉市	14.01
长垣市	31.78
新乡县	5.45
获嘉县	9.53
原阳县	15.53
延津县	7.81
封丘县	13.37
区域合计	212.40

如表 5-52 新乡市各研究区域绿化堆肥潜在需求量所示，研究对象 1 个市区、3 个县级市、5 个县绿化堆肥潜在需求总量约为 212.40 千吨/年。其中，市区的绿化堆肥潜在需求量最大约为 99.71 千吨/年，整个市区绿化面积较大是主要原因。新乡县的绿化堆肥潜在需求量最小约为 5.45 千吨/年，各研究区域中该县绿化面积最小是造成此结果的主要原因。其余区域绿化堆肥潜在需求量从大到小依次为长垣市约 31.78 千吨/年、原阳县约 15.53 千吨/年、辉县市约 15.21 千吨/年、卫辉市约 14.01 千吨/年、封丘县约 13.37 千吨/年、获嘉县约 9.53 千吨/年、延津县约 7.81 千吨/年。

三、新乡市各研究区域有机生活垃圾堆肥潜在供给量的计算

1. 新乡市各研究区域有机生活垃圾产生量的计算 新乡市各研究区域有机生活垃圾产生量根据第四章式（4-2）进行计算。各研究区域人口 E_i 根据统计年鉴[85]，人均垃圾产生量 W 参考文献约为 1.1 千克/天[72-73]，有机生活垃圾的含有率 N 参考文献约为 40%[4]，计算出新乡市各研究区域有机生活垃圾产生量 C_i，计算结果如表 5-53 所示。

表 5-53 2020 年新乡市各研究区域人口及有机生活垃圾产生量

各区域	人口（万人）	有机生活垃圾产生量（千吨/年）
市区	138.35	222.19
辉县市	82.32	132.21
卫辉市	47.93	76.98
长垣市	90.60	145.50
新乡县	34.30	55.09
获嘉县	39.68	63.73
原阳县	75.18	120.74
延津县	46.08	74.00
封丘县	71.08	114.15
区域合计	625.52	1 004.59

2. 新乡市各研究区域有机生活垃圾堆肥潜在供给量的计算 根据第四章式（4-3），对新乡市各区域有机生活垃圾潜在供给量进行计算。新乡市各区域有机生活垃圾产生量 C_i 依据以上计算结果，有机生活垃圾的堆肥率参考文献约为 30%[4]，计算出

研究对象地区的有机生活垃圾堆肥潜在供给量 G_i，计算结果如表 5-54 所示。

表 5-54 2020 年新乡市各研究区域有机生活垃圾堆肥潜在供给量

各区域	堆肥潜在供给量（千吨/年）
市区	66.66
辉县市	39.66
卫辉市	23.09
长垣市	43.65
新乡县	16.53
获嘉县	19.12
原阳县	36.22
延津县	22.20
封丘县	34.25
区域合计	301.38

如表 5-54 所示，新乡市各研究区域有机生活垃圾堆肥绿化利用的潜在供给总量约为 301.38 千吨/年。各区域中堆肥潜在供给量最大的是市区，约为 66.66 千吨/年，约占新乡市堆肥潜在供给总量的 22.12%。该区域人口数量在新乡市各区域中最大是造成此结果的主要原因。另外，新乡县有机生活垃圾堆肥潜在供给量约为 16.53 千吨/年，在各区域中处于最小值，仅占新乡市堆肥潜在供给总量的 5.48%，该区域在 1 个市区、3 个县级市、5 个县中居住人口最少是主要原因。此外，其余有机生活垃圾堆肥潜在供给量从大到小依次为长垣市约 43.65 千吨/年、辉县市约 39.66 千吨/年、原阳县约 36.22 千吨/年、封丘县约 34.25 千吨/年、卫辉市约 23.09 千吨/年、延津县约 22.20 千吨/年、获

嘉县约 19.12 千吨/年。

四、新乡市各研究区域有机生活垃圾堆肥需求供给平衡分析

新乡市各研究区域，有机生活垃圾堆肥绿化施用的需供比的计算结果如表 5-55 所示。新乡市绿化堆肥潜在需求总量约为 212.40 千吨/年，有机垃圾堆肥潜在供给总量约为 301.38 千吨/年，需供比约为 0.70。研究结果表明，新乡市堆肥潜在需求量远小于潜在供给量，有机生活垃圾堆肥不能全量被研究对象的绿化所利用。而且各区域的需供比存在较大的偏差，除市区以外其他各区域需供比均小于 1.00。市区需供比约为 1.50，在各研究区域中呈最大值，该区域绿化面积较大是造成此结果的主要原因。此外，3 个市、5 个县的需供比均处于较低状态，其中长垣市为 0.73、卫辉市为 0.61、获嘉县为 0.50、原阳县为 0.43、封丘县为 0.39、辉县市为 0.38、延津县为 0.35，最小的是新乡县仅为 0.33，研究区域需供比均处于供给量严重大于需求量的局面，绿化面积较小是造成这些结果的主要原因。

表 5-55　新乡市各研究区域有机生活垃圾堆肥绿化施用的需供比

各区域	堆肥潜在需求量（千吨/年）	堆肥潜在供给量（千吨/年）	需供比
市区	99.71	66.66	1.50
辉县市	15.21	39.66	0.38
卫辉市	14.01	23.09	0.61
长垣市	31.78	43.65	0.73
新乡县	5.45	16.53	0.33

（续）

各区域	堆肥潜在需求量（千吨/年）	堆肥潜在供给量（千吨/年）	需供比
获嘉县	9.53	19.12	0.50
原阳县	15.53	36.22	0.43
延津县	7.81	22.20	0.35
封丘县	13.37	34.25	0.39
区域合计	212.40	301.38	0.70

五、结论

本节以新乡市行政区域内的 1 个市区、3 个县级市、5 个县为研究对象区域，假定研究区域生活垃圾分类收集后有机生活垃圾堆肥进行绿化循环利用。首先，通过新乡市各研究区域的绿化面积，对有机生活垃圾堆肥潜在需求量进行推算；其次，根据新乡市各研究区域的人口数量、人均生活垃圾产生量和有机生活垃圾含有率，计算出各区域有机生活垃圾产生量；最后，通过有机生活垃圾堆肥率，对其转换为堆肥的潜在供给量进行估算。根据以上计算结果，对新乡市有机生活垃圾堆肥循环利用于各区绿化的需求供给平衡进行定量分析。2020 年研究对象总体绿化堆肥潜在需求总量约为 212.40 千吨/年，有机垃圾堆肥潜在供给总量约为 301.38 千吨/年，需供比约为 0.70，表明研究对象堆肥潜在需求量远小于潜在供给量，有机生活垃圾堆肥不能全量被研究对象的绿化所利用。而且新乡市的 1 个市区、3 个县级市、5 个县的需供比存在较大的偏差，其中需供比最大为 1.50，最小仅为 0.33，处于极不平衡状态。

第十二节 焦 作 市

一、焦作市概要

1. 地理位置 焦作市地处我国华中地区、河南西北部，北依太行山，与山西晋城接壤，东临新乡，西临济源，南临黄河与郑州、洛阳隔河相望。总面积 4 071 千米^2，地理坐标为北纬 34°48′—35°30′、东经 112°32′—113°38′，东西长约 102 千米，南北宽约 77 千米。焦作地处黄河南北之通道，扼晋豫两省之要冲，自古就是豫西北地区重要的物资集散地。

2. 气候 焦作市属温带季风气候，日照充足，冬冷夏热、春暖秋凉，四季分明。年平均气温 12.8～14.8℃，7 月最热，月均气温为 27～28℃，1 月最冷，月均气温为－3～1℃；历史极端最高气温为 43.6℃（1966 年 6 月 22 日），历史极端最低气温为－22.4℃。

3. 地形地貌 焦作市是一个天然的地下水汇集盆地。北部山区及晋东南山地约 1 400 千米^2 的广大地区，均为焦作市地下水的补给区。这些地区的浅层地下水和部分降水，在复杂的地质构造控制下，汇集到该市，形成较为丰富的岩溶水资源，已探明地下水储量 35.4 亿米^3。在焦作市北太行山南麓分布着约 500 千米^2 的山前岗地和砾石倾斜平地，地质坚硬稳固，地层耐力巨大，且邻近矿点、水源、交通干线和城镇，是极为理想的工业用地，同时也非常适宜建造高层建筑。

4. 水资源 焦作市流域面积在 100 千米^2 以上的河流有 23 条，还有引沁渠、广利渠两大人工渠，有群英水库、青天河水库、白墙水库、顺涧水库等较大水库，南水北调中线工程从中心城区斜穿而过。焦作市地表水资源充裕，还是天然的地下水汇集盆地，已探明地下水储量35.4亿米^3。

5. 动植物资源 动植物资源比较丰富。有猕猴、豹、虎、狍、香獐、狐、青羊等野生动物190多种，其中属国家保护珍稀动物有20多种。焦作市属华北植物落叶植被区，有木本植物143科875种，草本植物69科469种，属国家保护的珍稀树种有红豆杉、连香树、山白树、银杏、杜仲等；主要粮食作物有小麦、玉米、水稻，主要经济作物有花生、棉花、大豆及怀药作物等。1.8万亩的竹林是华北地区最大的竹林，"四大怀药"（山药、牛膝、地黄、菊花）闻名中外，远销东南亚和欧美20多个国家和地区。

二、焦作市各研究区域绿化堆肥潜在需求量的计算

1. 焦作市各研究区域绿化面积 焦作市行政区域由4个区、2个县级市和4个县组成，即解放区、山阳区、中站区、马村区、沁阳市、孟州市、修武县、武陟县、温县、博爱县。由于通过文献调查和实地调研得到焦作市4个区、4个县的绿化面积（未得到2个县级市详细绿化面积），因此，本研究以焦作市行政区域内的4个区、4个县为研究对象，对该研究对象的有机生活垃圾堆肥绿化利用的需求供给平衡进行讨论。根据文献[86]和对焦作市园林绿化中心及城市管理局的实地调研结果，统计出各研究区域2020年的绿化面积如表5-56所示。2020年焦作市4个区、4个县绿化总面积约为7 207.26公顷。其中解放区绿化面积约为1 484.45公顷，约占总绿化面积的20.60%，在各区域中最

大。绿化面积最小的是马村区，约为 334.43 公顷，仅占总绿化面积的 4.64%。其余区域绿化面积从大到小依次为博爱县约 1 427.00 公顷、山阳区约 1 295.57 公顷、武陟县约 1 092.00 公顷、温县约 626.00 公顷、中站区面积约 488.81 公顷、修武县约 459.00 公顷。

表 5－56　2020 年焦作市各研究区域绿化面积

各区域	绿化面积（公顷）
解放区	1 484.45
博爱县	1 427.00
山阳区	1 295.57
武陟县	1 092.00
温县	626.00
中站区	488.81
修武县	459.00
马村区	334.43
区域合计	7 207.26

2. 焦作市各研究区域绿化堆肥潜在需求量的计算　根据第四章式（4－1），焦作市各研究区域绿化面积 A 参照表 5－56，绿地的堆肥施用基准量 B 参考文献约为 20 吨/(公顷·年)[71]，计算出焦作市各研究区域的绿化堆肥潜在需求量，计算结果如表 5－57 所示。

表 5－57　焦作市各研究区域绿化堆肥潜在需求量

各区域	堆肥潜在需求量（千吨/年）
解放区	29.69
博爱县	28.54
山阳区	25.91

（续）

各区域	堆肥潜在需求量（千吨/年）
武陟县	21.84
温县	12.52
中站区	9.78
修武县	9.18
马村区	6.69
区域合计	144.15

如表 5－57 焦作市各研究区域绿化堆肥潜在需求量所示，研究对象 4 个区、4 个县绿化堆肥潜在需求总量约为 144.15 千吨/年。其中，解放区的绿化堆肥潜在需求量最大约为 29.69 千吨/年，该区域地处市区绿化面积较大是主要原因。马村区的绿化堆肥潜在需求量最小约为 6.69 千吨/年，该研究区域绿化面积最小是造成此结果的主要原因。其余区域绿化堆肥潜在需求量从大到小依次为博爱县约 28.54 千吨/年、山阳区约 25.91 千吨/年、武陟县约 21.84 千吨/年、温县约 12.52 千吨/年、中站区约 9.78 千吨/年、修武县约 9.18 千吨/年。

三、焦作市各研究区域有机生活垃圾堆肥潜在供给量的计算

1. 焦作市各研究区域有机生活垃圾产生量的计算　焦作市各研究区域有机生活垃圾产生量根据第四章式（4－2）进行计算。焦作市各研究区域人口 E_i 根据统计年鉴[86]，人均垃圾产生量 W 参考文献约为 1.1 千克/天[72-73]，有机生活垃圾的含有率 N 参考文献约为 40%[4]，计算出焦作市各研究区域有机生活垃圾

产生量 C_i，计算结果如表 5－58 所示。

表 5－58　2020 年焦作市各研究区域人口及有机生活垃圾产生量

各区域	人口（万人）	有机生活垃圾产生量（千吨/年）
解放区	34.74	55.79
博爱县	35.01	56.23
山阳区	30.32	48.69
武陟县	66.13	106.20
温县	39.38	63.24
中站区	10.73	17.23
修武县	24.86	39.93
马村区	12.06	19.37
区域合计	253.23	406.69

2. 焦作市各研究区域有机生活垃圾堆肥潜在供给量的计算

根据第四章式（4－3），对焦作市各区域有机生活垃圾潜在供给量进行计算。焦作市各区域有机生活垃圾产生量 C_i 依据以上计算结果，有机生活垃圾的堆肥率参考文献约为 30%[4]，计算出焦作市各区域的有机生活垃圾堆肥潜在供给量 G_i，计算结果如表 5－59 所示。

表 5－59　2020 年焦作市各研究区域有机生活垃圾堆肥潜在供给量

各区域	堆肥潜在供给量（千吨/年）
解放区	16.74
博爱县	16.87
山阳区	14.61
武陟县	31.86
温县	18.97

（续）

各区域	堆肥潜在供给量（千吨/年）
中站区	5.17
修武县	11.98
马村区	5.81
区域合计	122.00

如表 5-59 所示，焦作市各研究区域有机生活垃圾堆肥绿化利用的潜在供给总量约为 122.00 千吨/年。各研究区域中堆肥潜在供给量最大的是武陟县，约为 31.86 千吨/年，约占焦作市堆肥潜在供给总量的 26.11%。该区域人口数量在各区域中最多是造成此结果的主要原因。中站区有机生活垃圾堆肥潜在供给量约为 5.17 千吨/年，在各区域中处于最小值，仅占堆肥潜在供给总量的 4.24%，该区域在研究区域中居住人口最少是主要原因。此外，其余有机生活垃圾堆肥潜在供给量从大到小依次为温县约 18.97 千吨/年、博爱县约 16.87 千吨/年、解放区约 16.74 千吨/年、山阳区约 14.61 千吨/年、修武县 11.98 千吨/年、马村区约 5.81 千吨/年。

四、焦作市各研究区域有机生活垃圾堆肥需求供给平衡分析

焦作市各研究区域，有机生活垃圾堆肥绿化施用的需供比的计算结果如表 5-60 所示。焦作市绿化堆肥潜在需求总量约为 144.15 千吨/年，有机垃圾堆肥潜在供给总量约为 122.00 千吨/年，需供比约为 1.18。研究结果表明，焦作市研究区域堆肥潜在需求量大于潜在供给量，有机生活垃圾堆肥可以全量被研究对象的绿

化所利用，但是各区域的需供比存在较大的偏差。中站区需供比最大，约为 1.89，呈现严重的需求大于供给的局面，该区域人口较少且人均绿化面积较大是主要原因。另外，呈现严重的需求量大于供给量的区域还有解放区堆肥需供比约 1.77、山阳区堆肥需供比约 1.77、博爱县堆肥需供比约 1.69。马村区堆肥需供比约为 1.15，处于需求供给较为平衡状态。温县堆肥需供比约为 0.66、武陟县堆肥需供比约为 0.69、修武县堆肥需供比约为 0.77，处于堆肥潜在供给量远大于需求量的状态。

表 5-60　焦作市各研究区域有机生活垃圾堆肥绿化施用的需供比

各区域	堆肥潜在需求量（千吨/年）	堆肥潜在供给量（千吨/年）	需供比
解放区	29.69	16.74	1.77
博爱县	28.54	16.87	1.69
山阳区	25.91	14.61	1.77
武陟县	21.84	31.86	0.69
温县	12.52	18.97	0.66
中站区	9.78	5.17	1.89
修武县	9.18	11.98	0.77
马村区	6.69	5.81	1.15
区域合计	144.15	122.00	1.18

五、结论

本节以焦作市 4 个区、4 个县为研究对象区域，假定研究区域生活垃圾分类收集后有机生活垃圾堆肥进行绿化循环利用。首先，通过焦作市各研究区域的绿化面积，对有机生活垃圾堆肥潜在需求量进行推算；其次，根据研究区域的人口数量、人均生活垃圾产生量和有机生活垃圾含有率，计算出各区域有机生活垃圾产生量；最后，通过有机生活垃圾堆肥率，对其转换为堆肥的潜在供给量进行估算。根据以上计算结果，对研究区域有机生活垃圾堆肥循环利用于绿化的需求供给平衡进行定量分析。2020 年，焦作市研究区域绿化堆肥潜在需求总量约为 144.15 千吨/年，有机垃圾堆肥潜在供给总量约为 122.00 千吨/年，需供比约为 1.18，表明焦作市堆肥潜在需求量大于潜在供给量，有机生活垃圾堆肥可以全量被绿化所利用。焦作市研究区域整体堆肥需求供给处于较为平衡状态，但是各区域的需供比存在较大的偏差。

第十三节　信 阳 市

一、信阳市概要

1. 地理位置　信阳市位于河南省最南部、淮河上游，处于地处东经 114°06′、北纬 31°25′，地势南高北低。西部和南部为桐柏山、大别山，面积近 7 000 千米^2，占全市总面积的 37.1%，是长江淮河两大流域的分水岭。中部是丘陵岗地，合肥-潢川盆地西半部分，海拔 50～100 米，面积 7 000 多千米^2，占全市总面积的 38.5%。此区梯田层层，河渠纵横，塘堰密布，水田如网。北部是平原和洼地，面积 4 000 多千米^2，占全市总面积的 24.6%。

2. 气候　淮河流经信阳地区北部，信阳绝大部分地区位于淮河以南，属亚热带季风气候。信阳山清水秀，水田盈野，稻香鱼跃。信阳日照充足，年均日照时间 1 900～2 100 小时；年平均气温 15.1～15.3℃，无霜期长，平均 220～230 天；降水丰沛，年均降水量 900～1 400 毫米；空气湿润，年均相对湿度 77%。信阳四季分明，各具特色。春季天气多变，阴雨连绵，降水日数多于夏季，降水量达 250～380 毫米，占全年降水量的 26%～30%；夏季高温高湿气候明显，光照充足，降水量多，暴雨常现，降水量 400～600 毫米，占全年的 42%～46%；秋季凉爽，天气多晴，降水顿减，季均降水量 170～270 毫米，占全年的 18%～20%；冬季气候干冷，降水量少，80～110 毫米，占全年的 10%，冬季在四季中历时最长（130 天左右），但寒冷期短，日平均气温低于 0℃的日数年平均 30 天左右。

3. 地形地貌 信阳地势南高北低，是岗川相间、形态多样的阶梯地貌。西部和南部是由桐柏山、大别山构成的豫南山地，周边群山环绕，面积近 7 000 千米^2，占全市总面积的 37.1%。两山首尾相接，连成一体，蜿蜒于豫鄂边界，是江淮两大流域的分水岭。大别山在信阳境内长约 200 千米，占豫南山地的 80%；东段山脊高峻雄伟，海拔在千米以上，西段宽阔低缓，以千米以下低山为主，间有丘陵分布。桐柏山在信阳境内 69 千米，占豫南山地的 20%，山势高峻陡峭。其中大别山的金刚台（海拔 1 584 米），为信阳境内最高峰。

4. 水资源 信阳市水资源量在河南省相对丰富，全市多年平均水资源总量 75.19 亿米^3，人均水资源量 1 003 米^3，水资源可开发利用量为 41.23 亿米^3。全市有大型水库 6 座、中型水库 15 座、小型水库 971 座，大小型水库共计 992 座，有“千湖市”之称；有大中型拦河枢纽 17 座，塘湖堰坝 20 多万处，总蓄水能力 60 亿米^3。治理淮河及重要支流 30 多条，兴建圩区 51 处、堤防 1 054 千米、排涝闸站 250 座，保护人口 110 万人、耕地 120

万亩；蓄水、引水、提水工程年供水能力达到 21.8 亿米^3。建成 30 万亩以上的大型灌区 5 处，1 万～30 万亩的中型灌区 50 处，1 万亩以下的小型灌区 21.3 万处，灌溉机电井 2.16 万眼，固定机电灌站 1 073 处，有效灌溉面积达到 748.7 万亩。全市水利资源蕴藏总量 9.97 万千瓦，可开发量是 7.28 万千瓦，年发电量是 2.08 亿千瓦时，万千瓦以上的河流有浉河、潢河、白露河、灌河。

5. 动植物资源　信阳是中国十大名茶之一信阳毛尖的故乡，信阳还盛产水稻、小麦、油茶、板栗、银杏、红黄麻等作物，粮食产量约占全省的 1/10。目前信阳的动物多达 2 031 种，除了野猪、鸭子、兔子、牛等常见的动物，还包括中华秋沙鸭、白鹳长尾雉、朱鹮、貉等稀有野生动物。

二、信阳市各研究区域绿化堆肥潜在需求量的计算

1. 信阳市各研究区域绿化面积　信阳市行政区域由 2 个区、8 个县组成，分别为浉河区、平桥区、潢川县、光山县、新县、罗山县、商城县、淮滨县、固始县、息县。由于通过文献调查和实地调研得到信阳市市区总体和各县的绿化面积（未得到 2 个区详细绿化面积），因此，本研究以信阳市行政区域内的市区（包含市内 2 个区）和 8 个县为研究对象，对该研究区域的有机生活垃圾堆肥绿化利用的需求供给平衡进行讨论。根据文献[87]和对信阳市园林绿化事务中心及城市管理局的实地调研结果，统计出研究对象 2020 年的绿化面积如表 5－61 所示。研究对象的总绿化面积达 14 469.06 公顷，其中市区绿化面积约为 6 179.41 公顷，在各研究区域中最大。八县中固始县的绿化面积最大，约为 2 056.42 公

顷。近年来，该县坚持根据“生态优先”和“科学绿化”的要求，对城镇绿色空间结构进行了优化，紧紧围绕“300 米见绿、500 米见园”的目标，与人居环境和闲置土地整治工作相结合，更多地发展街道公园、口袋公园、绿道、绿廊等立体绿地。

表 5－61　2020 年信阳市各研究区域绿化面积

各区域	绿化面积（公顷）
市区	6 179.41
罗山县	893.30
光山县	896.12
新县	760.32
商城县	167.37
固始县	2 056.42
潢川县	1 524.63
淮滨县	937.48
息县	1 054.01
区域合计	14 469.06

2. 信阳市各研究区域绿化堆肥潜在需求量的计算　根据第四章式（4－1），信阳市各区域绿化面积 A 参照表 5－61，绿地的堆肥施用基准量 B 参考文献约为 20 吨/(公顷·年)[71]，计算出信阳市各研究区域的绿化堆肥潜在需求量，计算结果如表 5－62 所示。

表 5－62　信阳市各研究区域绿化堆肥潜在需求量

各区域	堆肥潜在需求量（千吨/年）
市区	123.59
罗山县	17.87

（续）

各区域	堆肥潜在需求量（千吨/年）
光山县	17.92
新县	15.21
商城县	3.35
固始县	41.13
潢川县	30.49
淮滨县	18.75
息县	21.08
区域合计	289.38

如表5-62信阳市各研究区域绿化堆肥潜在需求量所示，研究对象1个市区、8个县绿化堆肥潜在需求总量约为289.38千吨/年。其中，绿化堆肥潜在需求量最大的市区约为123.59千吨/年，整个市区绿化面积较大是主要原因。绿化堆肥潜在需求量最小的商城县约为3.35千吨/年，该县在各研究区域中绿化面积最小是造成此结果的主要原因。其余区域绿化堆肥潜在需求量从大到小依次为固始县约41.13千吨/年、潢川县约30.49千吨/年、息县约21.08千吨/年、淮滨县约18.75千吨/年、光山县约17.92千吨/年、罗山县约17.87千吨/年、新县约15.21千吨/年。

三、信阳市各研究区域有机生活垃圾堆肥潜在供给量的计算

1. 信阳市各研究区域有机生活垃圾产生量的计算　信阳市各研究区域有机生活垃圾产生量根据第四章式（4-2）进行计算。信阳市各研究区域人口 E_i 根据统计年鉴[87]，人均垃圾产生

量 W 参考文献约为 1.1 千克/天[72-73]，有机生活垃圾的含有率 N 参考文献约为 40%[4]，计算出信阳市各研究区域有机生活垃圾产生量 C_i，计算结果如表 5－63 所示。

表 5－63　2020 年信阳市各研究区域人口及有机生活垃圾产生量

各区域	人口（万人）	有机生活垃圾产生量（千吨/年）
市区	151.57	243.42
罗山县	49.32	79.21
光山县	59.35	95.32
新县	27.86	44.74
商城县	45.95	73.80
固始县	104.14	167.25
潢川县	63.64	102.21
淮滨县	54.96	88.27
息县	66.62	106.99
区域合计	623.41	1 001.20

2. 信阳市各研究区域有机生活垃圾堆肥潜在供给量的计算

根据第四章式（4－3），对信阳市各区域有机生活垃圾潜在供给量进行计算。信阳市各区域有机生活垃圾产生量 C_i 依据以上计算结果，有机生活垃圾的堆肥率参考文献约为 30%[4]，计算出信阳市各研究区域的有机生活垃圾堆肥潜在供给量 G_i，计算结果如表 5－64 所示。

如表 5－64 所示，信阳市各研究区域有机生活垃圾堆肥绿化利用的潜在供给总量约为 300.36 千吨/年。各研究区域中堆肥潜在供给量最大的是市区，约为 70.03 千吨/年，约占新乡市堆肥潜在供给总量的 23.32%。该区域人口数量在 1 个市区、8 个县中最多是造成此结果的主要原因。新县有机生活垃圾堆肥潜在供给量约为 13.42 千吨/年，在各区域中处于最小值，仅占信阳市堆肥供给总量的 4.47%，该区域在 1 个市区、8 个县中居住人口最少是主要原因。此外，其余有机生活垃圾堆肥潜在供给量从大到小依次为固始县约 50.17 千吨/年、息县约 32.10 千吨/年、潢川县约 30.66 千吨/年、光山县约 28.59 千吨/年、淮滨县约 26.48 千吨/年、罗山县约 23.76 千吨/年。

表 5-64　2020 年信阳市各研究区域有机生活垃圾堆肥潜在供给量

各区域	堆肥潜在供给量（千吨/年）
市区	70.03
罗山县	23.76
光山县	28.59
新县	13.42
商城县	22.14
固始县	50.17
潢川县	30.66
淮滨县	26.48
息县	32.10
区域合计	300.36

四、信阳市各研究区域有机生活垃圾堆肥需求供给平衡分析

信阳市各研究区域，有机生活垃圾堆肥绿化施用的需供比的计算结果如表 5-65 所示。信阳市研究区域绿化堆肥潜在需求总量约为 289.38 千吨/年，有机垃圾堆肥潜在供给总量约为

300.36 千吨/年，需供比约为 0.96。研究结果表明，信阳市堆肥潜在需求量略小于潜在供给量，处于需求供给基本平衡状态，有机生活垃圾堆肥基本可以全量被信阳市的绿化所利用。但是信阳市各研究区域的需供比存在较大的偏差。市区有机生活垃圾堆肥绿化利用的需供比约为 1.76，在各研究区域中呈最大值，处于需求远大于供给的极不平衡状态。商城县需供比仅为 0.15，在各区域中呈最小值，处于供给量严重大于需求量的极不平衡局面。

表 5-65　信阳市各研究区域有机生活垃圾堆肥绿化施用的需供比

各区域	堆肥潜在需求量（千吨/年）	堆肥潜在供给量（千吨/年）	需供比
市区	123.59	70.03	1.76
光山县	17.92	28.59	0.63
罗山县	17.87	23.76	0.75
新县	15.21	13.42	1.13
商城县	3.35	22.14	0.15
固始县	41.13	50.17	0.82
潢川县	30.49	30.66	0.99
淮滨县	18.75	26.48	0.71
息县	21.08	32.10	0.66
区域合计	289.38	300.36	0.96

五、结论

本节以信阳市行政区域内的 1 个市区、8 个县为研究对象区域，假定研究区域生活垃圾分类收集后有机生活垃圾堆肥进行绿化循环利用。首先，通过信阳市各研究区域的绿化面积，对有机生活垃圾堆肥潜在需求量进行推算；其次，根据信阳市研究区域的人口数量、人均生活垃圾产生量和有机生活垃圾含有率，计算出信阳市各区域有机生活垃圾产生量；最后，通过有机生活垃圾堆肥率对其转换为堆肥的潜在供给量进行估算。根据以上计算结果，对信阳市各研究区域有机生活垃圾堆肥循环利用于各区域绿化的需求供给平衡进行定量分析。2020 年，信阳市绿化堆肥潜在需求总量约为 289.38 千吨/年，有机垃圾堆肥潜在供给总量约为 300.36 千吨/年，需供比约为 0.96，研究对象堆肥潜在需求量略小于潜在供给量，处于需求供给基本平衡状态，有机生活垃圾堆肥基本可以全量被研究对象的绿化所利用。研究对象 1 个市区、8 个县中，市区需供比呈最大值约 1.76；商城县需供比仅为 0.15，在各区域中呈最小值。各研究区域中除了潢川县需供比约 0.99、息县需供比约 1.13 处于需求供给较为平衡状态，其余区域均处于需求供给严重不平衡局面。

第十四节　鹤 壁 市

一、鹤壁市概要

1. 地理位置　鹤壁市，河南省辖地级市，位于河南省北部，太行山东麓与华北平原交界处。地理坐标为北纬 35°26′00″—36°02′54″、东经 113°05′23″—114°45′12″。总面积 2 182 千米^2，约占河南省面积的 1.3%。

2. 气候　鹤壁市位于太行山东麓和华北平原的过渡地带，属暖温带半湿润型季风气候，四季分明，光照充足，温差较大。

春季多风少雨，夏季炎热湿润，秋季秋高气爽，冬季寒冷多雾。年平均气温 14.2～15.5℃，年降水量 349.2～970.1 毫米，年日照时数 1 787.2～2 566.7 小时。市区环境空气质量二级标准以上天数的比例达到 81.4%，空气优良天数、PM2.5 和 PM10 平均浓度全省最优。饮用水源地水质达标率保持 100%。

3. 地形地貌 鹤壁市地形复杂，有山地、丘陵、平原、洼地等地貌。基本地形为西北向东南倾斜，分为四个阶梯：最高阶梯在西北，为太行山山麓的低山，一般海拔为 500～800 米，最高峰为淇县三县脑，海拔 1 019 米；第二阶梯是中部丘陵地带，是太行山东麓与华北平原之间的过渡地带，其占地面积约 604.2 千米^2，地势较为平缓，但多被沟渠和河流切割；第三阶梯是东部平原，包括齐河平原、淯河平原和黄河岛平原，面积 640.3 千米^2，主要为第四纪黄土所覆盖，除东部少数沙地外，大部分土地地势平坦，土层深，土壤肥沃，水源丰富，排灌方便；第四阶梯为东南部的泊洼区（淇县良相泊滞洪区）约 46.5 千米^2，其地势低洼，夏秋两季由于雨水排水不畅形成内涝或滞洪区，但土壤质量好，水资源丰富，最低点是齐河、淯河和共产主义渠的汇合处，海拔 63.8 米以上。

4. 水资源 在全河南省 60 条主要城市河流水质排名中，淇河水质常年保持在国家Ⅱ类以上，排名第一。2007—2008 年度开展的河南省渔业资源调查课题研究中，淇河河水清澈，透明度达到 2.03 米。淇河盘石头水库蓄水 6.08 亿米^3。

5. 植物资源 鹤壁市分布有高等植物 114 科 300 多属 800 余种，其中，栽培植物 200 多种。鹤壁市土地肥沃，盛产粮食、棉花、油料。土特产品甚多，著名的有“淇河三珍”（鲫鱼、缠丝鸭蛋、无核枣)。此外，淇滨区有柿子、核桃、香椿、龙宫花卉，浚县有小河白菜、大碾萝卜、园上大蒜、善堂大枣、王桥豆腐、五香花生米，淇县有无核枣、木鱼石等。

6. **动物资源** 鹤壁市有兽类野生动物 12 种、鸟类 86 种、爬行类动物 6 种及水生、两栖类动物 19 种。2007—2008 年度开展的河南省渔业资源调查课题研究中，黄河鱼类资源 46 种左右，淮河鱼类资源 50 多种，而淇河鹤壁段初步查明的鱼类资源有 64 种，隶属 7 目 14 科，是河南省鱼类种类最多的河流，在河南省渔业资源中占有重要地位。其中，淇河鲫鱼是淇河的著名特产鱼类和优势种群。目前，淇河鲫鱼已成为河南省重点保护的珍稀野生动物，位列 1990 年河南省人民政府颁布的《河南省野生动物保护名录》之首。

二、鹤壁市各研究区域绿化堆肥潜在需求量的计算

1. **鹤壁市各研究区域绿化面积** 鹤壁市行政区域由淇滨区、山城区、鹤山区、浚县、淇县 3 个区、2 个县组成。本研究以鹤壁市 3 个区、2 个县为研究对象，对该研究区域的有机生活垃圾堆肥绿化利用的需求供给平衡进行讨论。根据文献[88]和对鹤壁市园林绿化中心及市政管理局的实地调研结果，统计出各研究区域 2020 年的绿化面积如表 5－66 所示。鹤壁市绿化总面积约为 4 508.76 公顷。淇滨区是鹤壁市的政治文化中心且绿化面积最大，约为 1 696.06 公顷；其次是浚县绿化面积约为 887.00 公顷，鹤山区绿化面积约为 760.35 公顷，淇县绿化面积约为 687.00 公顷；绿化面积最小的是山城区，

约为 478.35 公顷。

表 5-66　2020 年鹤壁市各研究区域绿化面积

各区域	绿化面积（公顷）
淇滨区	1 696.06
山城区	478.35
鹤山区	760.35
淇县	687.00
浚县	887.00
区域合计	4 508.76

2. 鹤壁市各研究区域绿化堆肥潜在需求量的计算　根据第四章式（4-1），鹤壁市各区域绿化面积 A 参照表 5-66，绿地的堆肥施用基准量 B 参考文献约为 20 吨/(公顷·年)[71]，计算出鹤壁市各研究区域的绿化堆肥潜在需求量，计算结果如表 5-67 所示。

表 5-67　鹤壁市各研究区域绿化堆肥潜在需求量

各区域	堆肥潜在需求量（千吨/年）
淇滨区	33.92
山城区	9.57
鹤山区	15.21
淇县	13.74
浚县	17.74
区域合计	90.18

如表 5-67 鹤壁市各研究区域绿化堆肥潜在需求量所示，鹤壁市 3 个区、2 个县绿化堆肥潜在需求总量约为 90.18 千吨/年。其中，淇滨区的绿化堆肥潜在需求量最大为 33.92 千吨/年，其

次是浚县 17.74 千吨/年、鹤山区 15.21 千吨/年、淇县 13.74 千吨/年，需求量最小的是山城区 9.57 千吨/年。淇滨区为鹤壁市主城区，绿化面积大是需求量大的主要原因。

三、鹤壁市各研究区域有机生活垃圾堆肥潜在供给量的计算

1. 鹤壁市各研究区域有机生活垃圾产生量的计算　鹤壁市各研究区域有机生活垃圾产生量根据第四章式（4－2）进行计算。各研究区域人口 E_i 根据统计年鉴[88]，人均垃圾产生量 W 参考文献约为 1.1 千克/天[72-73]，有机生活垃圾的含有率 N 参考文献约为 40%[4]，计算出鹤壁市各研究区域有机生活垃圾产生量 C_i，计算结果如表 5－68 所示。

表 5－68　2020 年鹤壁市各研究区域人口及有机生活垃圾产生量

各区域	人口（万人）	有机生活垃圾产生量（千吨/年）
淇滨区	46.07	73.99
山城区	15.54	24.96
鹤山区	6.27	10.07
淇县	26.23	42.13
浚县	62.47	100.33
区域合计	156.58	251.47

2. 鹤壁市各研究区域有机生活垃圾堆肥潜在供给量的计算　根据第四章式（4－3），对鹤壁市各区域有机生活垃圾潜在供给量进行计算。鹤壁市各区域有机生活垃圾产生量 C_i 依据以上计算结果，有机生活垃圾的堆肥率参考文献约为 30%[4]，计算出研究对象地区的有机生活垃圾堆肥潜在供给量 G_i，计算结果如

表 5－69 所示。

表 5－69　2020 年鹤壁市各研究区域有机生活垃圾堆肥潜在供给量

各区域	堆肥潜在供给量（千吨/年）
淇滨区	22.20
山城区	7.49
鹤山区	3.02
淇县	12.64
浚县	30.10
区域合计	75.44

如表 5－69 所示，鹤壁市各研究区域有机生活垃圾堆肥绿化利用的潜在供给总量约为 75.44 千吨/年。各区域中堆肥潜在供给量最大的是浚县，约为 30.10 千吨/年，该区域人口数量在各区中最多是造成此结果的主要原因。鹤山区有机生活垃圾堆肥潜在供给总量约为 3.02 千吨/年，在各区域中处于最小值，该区域居住人口较少而造成此结果。

四、鹤壁市各研究区域有机生活垃圾堆肥需求供给平衡分析

鹤壁市各研究区域，有机生活垃圾堆肥绿化施用的需供比的计算结果如表 5－70 所示。研究对象绿化堆肥潜在需求总量约为 90.18 千吨/年，有机垃圾堆肥潜在供给总量约为 75.44 千吨/年，需供比约为 1.20，表明研究对象堆肥潜在需求量大于潜在供给量，有机生活垃圾堆肥全量可以被研究对象的绿化所利用。但是，鹤壁市各研究区域的需供比存在较大的偏差。其中，淇县需供比约为 1.09，接近于 1.00，处于需求供给基本平衡状态。浚

县需供比约为 0.59，处于供给量远大于需求量的局面。鹤山区需供比约为 5.04，该区潜在供给量明显小于潜在需求量，出现严重的供不应求的现象，该区域绿化覆盖面积较大且人口较少是造成该现象的主要原因。

表 5－70　鹤壁市各研究区域有机生活垃圾堆肥绿化施用的需供比

各区域	堆肥潜在需求量（千吨/年）	堆肥潜在供给量（千吨/年）	需供比
淇滨区	33.92	22.20	1.53
山城区	9.57	7.49	1.28
鹤山区	15.21	3.02	5.04
淇县	13.74	12.64	1.09
浚县	17.74	30.10	0.59
区域合计	90.18	75.44	1.20

五、结论

本节以鹤壁市行政区域内的 3 个区、2 个县为研究对象区域，假定研究区域生活垃圾分类收集后有机生活垃圾堆肥进行绿化循环利用。首先，通过鹤壁市各研究区域的绿化面积，对有机生活垃圾堆肥潜在需求量进行推算；其次，根据鹤壁市研究区域的人口数量、人均生活垃圾产生量和有机生活垃圾含有率，计算出各区域有机生活垃圾产生量；最后，通过有机生活垃圾堆肥率，对其转换为堆肥的潜在供给量进行估算。根据以上计算结果，对鹤壁市有机生活垃圾堆肥循环利用于绿化的需求供给平衡进行定量分析，2020 年鹤壁市绿化堆肥潜在需求总量约为 90.18 千吨/年，有机垃圾堆肥潜在供给总量约为 75.44 千吨/年，需供比约为

1.20。研究结果表明，鹤壁市堆肥潜在需求量大于潜在供给量，有机生活垃圾堆肥可以全量被绿化所利用。但是各研究区域的需供比存在较大的偏差。鹤山区需供比呈最大值约5.04，处于需求量严重大于供给量的局面。浚县需供比仅为0.59，在各区域中呈最小值，处于较为严重的供过于求状态。

第十五节　平顶山市

一、平顶山市概要

1. 地理位置　平顶山市位于河南省中南部，北临许昌，南接南阳，地理坐标为北纬33°08′—34°20′、东经112°14′—113°45′，以中心市区建在“山顶平坦如削”的平顶山下而得名。全境东西长150千米，南北宽140千米，总面积7 882千米^2。中心市区位于北纬33°40′—33°49′、东经113°04′—113°26′，东西长40千米，南北宽17千米，面积421.5千米^2。

2. 气候　平顶山市为大陆性季风气候，地处暖温带，春暖、夏热、秋凉、冬寒，四季分明，雨量充沛，光照充足。风向以偏南、西北、东北最多，春夏盛刮偏南风，秋冬盛刮偏北风，常有来自西伯利亚的冷空气入侵。平顶山市处于暖温带和亚热带气候交错的边缘地区，具有明显的过渡性特征。这一带冷暖空气交汇频繁，气候温和，无霜期长。全市年总日照时数为1 800～2 200小时。年平均气温在14.8～15.2℃，极端最低气温为－11.3℃，极端最高气温为38.1℃。无霜期214～231天，可满足农作物一年两熟。全市年降水量为1 000毫米左右，春季和秋季是比较适合到平顶山市旅游的季节。

3. 地形地貌　平顶山市处于豫西山地和淮河平原的过渡地带。西部以山地为主，最高山峰位于鲁山县西部边界的尧山，海拔 2 153.1 米。东部以平原为主。在低山和平原之间，分布着高低起伏的丘陵。从北往南看，大体有三列山地夹两组河谷平原。北部是箕山，中部是外方山的东段及平顶山市区以北的落凫山等低山，南部则是伏牛山东段及其余脉。北部夹北汝河冲积平原，南部夹沙河、澧河等冲积平原。其海拔高度大多在 300～700 米，具有西高东低的特征。

4. 水资源　平顶山市地处淮河流域上游，分属于颍河、洪汝河两个水系。自北向南流经该市的主要河流有颍河水系的北汝河、沙河、澧河、甘江河及洪汝河水系的滚河。颍河水系在平顶山市辖区范围内的流域面积为 7 308 千米^2，占全市面积的 92.72%；洪汝河水系洪河支流滚河发源于舞钢市，在舞钢市的流域面积为 574 千米^2，占该市总面积的 88.8%，占平顶山市辖区总面积的 7.28%。平顶山市已建成大型水库 5 座、中型水库 10 座、小型水库 154 座，总库容 32.67 亿米^3。5 座大型水库的兴利库容分别为白龟山水库 2.36 亿米^3，昭平台水库 3.5 亿米^3，孤石滩水库 0.6 亿米^3，石漫滩水库 0.6 亿米^3，燕山水库 2.5 亿米^3。全市多年平均地表水资源量 15.656 7 亿米^3，地下水资源量 7.955 7 亿米^3，地表地下水重复计算量 4.910 7 亿米^3，全年多年平均水资源总量 18.336 8 亿米^3。

5. 动植物资源　平顶山地区内有陆生野生脊椎动物 239 种，其中鸟类 186 种，兽类 20 种，两栖类 10 种，爬行类 23 种。区内生境类型多样，食物丰富，为鸟类提供了良好的栖息环境和充足的食物来源。鸟类隶属17目43科。其中鹟科25种，鸭科16种，雀科13种，鹭科、鹰科、鸦科各10种，鹬科8种；杜鹃科、鹡鸰科各7种；鸥鹗科、啄木鸟科各6种；秧鸡科、鹇科、鸠鸽科各5种；伯劳科有4种。鸟类中国家一级保护动物有4种，即白鹳、黑鹳、大鸨和金雕，国家二级保护动物有22种，即斑嘴鹈鹕、黄嘴白鹭、大天鹅、小天鹅、鸳鸯、鸢、苍鹰、雀鹰、松雀鹰、大鵟、秃鹫、白尾鹞、白头鹞、红脚隼、红隼、灰鹤、红角鸮、雕鸮、鹰鸮、纵纹腹小鸮、长耳鸮、短耳鸮。平顶山市有各种植物223科956属2 008种，有党参、杜仲、天麻等名贵药材和猕猴桃、板栗、油桐、辛夷等经济林木。境内盛产小麦、玉米，又是全国著名的烟叶产区。

二、平顶山市各研究区域绿化堆肥潜在需求量的计算

1. 平顶山市各研究区域绿化面积 平顶山市行政区域由4个区、4个县和2个代管县级市组成，即新华区、卫东区、石龙区、湛河区、宝丰县、鲁山县、郏县、叶县、舞钢市和汝州市。由于通过文献调查和实地调研得到焦作市4个区、4个县的绿化面积（未得到平顶山代管2个县级市详细绿化面积），因此，本研究以平顶山市行政区域内的4个区、4个县为研究对象，对该研究区域的有机生活垃圾堆肥绿化利用的需求供给平衡进行讨论。根据文献[89]和对平顶山市园林绿化中心及城市管理局的实地调研结果，统计出平顶山市各研究区域2020年的绿化面积如表5-71所示。2020年平顶山市4个区、4个县绿化总面积约为4 785公顷。其中宝丰县绿化面积最大约为980公顷，约占研究区域总绿化面积的

20.48%。近年来，宝丰县因地制宜在西部山区规划特色经济林的同时，在平原乡镇以农田林网的完善提升为主，结合高标准农田建设绿色乡村，因此，该县绿化面积不断扩大。各研究区域中绿化面积最小的是石龙区，约为 108 公顷，仅占总绿化面积的 2.26%，石龙区地处煤矿老区绿化发展缓慢是主要原因。

表 5－71　2020 年平顶山市各研究区域绿化面积

各区域	绿化面积（公顷）
新华区	779
卫东区	511
湛河区	223
石龙区	108
宝丰县	980
叶县	723
鲁山县	739
郏县	722
区域合计	4 785

2. 平顶山市各研究区域绿化堆肥潜在需求量的计算　根据第四章式（4－1），平顶山市各区域绿化面积 A 参照表 5－71，绿地的堆肥施用基准量 B 参考文献约为 20 吨/(公顷·年)[71]，计算出平顶山市各研究区域的绿化堆肥潜在需求量，计算结果如表 5－72 所示。

表 5－72　平顶山市各研究区域绿化堆肥潜在需求量

各区域	堆肥潜在需求量（千吨/年）
新华区	15.58
卫东区	10.22

（续）

各区域	堆肥潜在需求量（千吨/年）
湛河区	4.46
石龙区	2.16
宝丰县	19.60
叶县	14.46
鲁山县	14.78
郏县	14.44
区域合计	95.70

如表 5-72 平顶山市各研究区域绿化堆肥潜在需求量所示，研究对象 4 个区、4 个县绿化堆肥潜在需求总量约为 95.70 千吨/年。其中，绿化堆肥需求量最大的是宝丰县，约为 19.60 千吨/年。各区域中绿化堆肥需求量最小的是石龙区，约为 2.16 千吨/年。其余区域从大到小依次为新华区、鲁山县、叶县、郏县、卫东区、湛河区。

三、平顶山市各研究区域有机生活垃圾堆肥潜在供给量的计算

1. 平顶山市各研究区域有机生活垃圾产生量的计算 平顶山市各研究区有机生活垃圾产生量根据第四章式（4-2）进行计算。各研究区域人口为 E_i 根据统计年鉴[89]，人均垃圾产生量 W 参考文献约 1.1 千克/天[72-73]，有机生活垃圾的含有率 N 参考文献约为 40%[4]，计算出平顶山市各研究区域有机生活垃圾产生量 C_i，计算结果如表 5-73 所示。

表 5-73　2020 年平顶山市各研究区域人口及有机生活垃圾产生量

各区域	人口（万人）	有机生活垃圾产生量（千吨/年）
新华区	33.72	54.16
卫东区	31.57	50.70
湛河区	34.60	55.57
石龙区	4.34	6.97
宝丰县	49.83	80.03
叶县	70.24	112.81
鲁山县	78.71	126.41
郏县	50.64	81.33
区域合计	353.65	567.98

2. 平顶山市各研究区域有机生活垃圾堆肥潜在供给量的计算　根据第四章式（4-3），对平顶山市各区域有机生活垃圾潜在供给量进行计算。平顶山市各区域有机生活垃圾产生量 C_i 依据以上计算结果，有机生活垃圾的堆肥率参考文献约为 30%[4]，计算出研究对象地区的有机生活垃圾堆肥潜在供给量 G_i，计算结果如表 5-74 所示。

表 5-74　2020 年平顶山市各研究区域有机生活垃圾堆肥潜在供给量

各区域	堆肥潜在供给量（千吨/年）
新华区	16.25
卫东区	15.21
湛河区	16.67
石龙区	2.09
宝丰县	24.01
叶县	33.84

（续）

各区域	堆肥潜在供给量（千吨/年）
鲁山县	37.92
郏县	24.40
区域合计	170.39

如表 5-74 所示，平顶山市各研究区域有机生活垃圾堆肥绿化利用的潜在供给总量约为 170.39 千吨/年。各研究区域中堆肥潜在供给量最大的是鲁山县，约为 37.92 千吨/年，约占各区域堆肥供给总量的 22.25%。该区域人口数量在各区域中最多是造成此结果的主要原因。另外，石龙区有机生活垃圾堆肥潜在供给量约为 2.09 千吨/年，在各区域中处于最小值，仅占堆肥潜在供给总量的 1.22%，该区域在研究区域中居住人口最少是主要原因。其余有机生活垃圾堆肥潜在供给量从大到小依次为叶县 33.84 千吨/年、郏县 24.40 千吨/年、宝丰县 24.01 千吨/年、湛河区 16.67 千吨/年、新华区 16.25 千吨/年、卫东区 15.21 千吨/年。

四、平顶山市各研究区域有机生活垃圾堆肥需求供给平衡分析

平顶山市各研究区域，有机生活垃圾堆肥绿化施用的需供比的计算结果如表 5-75 所示。平顶山市绿化堆肥潜在需求总量约为 95.70 千吨/年，有机垃圾堆肥潜在供给总量约为 170.39 千吨/年，需供比约为 0.56。研究结果表明，研究对象堆肥潜在需求量小于潜在供给量，有机生活垃圾堆肥不能全量被研究对象的绿化所利用。平顶山市各研究区域中仅有石龙区有机生活垃圾堆肥绿化

利用需供比约 1.03，需求量略大于供给量。其余区域需供比均小于 1.00，处于不同程度的需求量小于供给量的局面，这也是造成该研究区域整体有机生活垃圾堆肥绿化利用呈现较严重供大于求的主要原因。

表 5-75 平顶山市各研究区域有机生活垃圾堆肥绿化施用的需供比

各区域	堆肥潜在需求量（千吨/年）	堆肥潜在供给量（千吨/年）	需供比
新华区	15.58	16.25	0.96
卫东区	10.22	15.21	0.67
湛河区	4.46	16.67	0.27
石龙区	2.16	2.09	1.03
宝丰县	19.60	24.01	0.82
叶县	14.46	33.84	0.43
鲁山县	14.78	37.92	0.39
郏县	14.44	24.40	0.59
区域合计	95.70	170.39	0.56

五、结论

本节以平顶山市 4 个区、4 个县为研究对象区域，假定研究区域生活垃圾分类收集后有机生活垃圾堆肥进行绿化循环利用。首先，通过平顶山市各研究区域的绿化面积，对有机生活垃圾堆肥潜在需求量进行推算；其次，根据平顶山市各研究区域的人口数量、人均生活垃圾产生量和有机生活垃圾含有率，计算出各区域有机生活垃圾产生量；通过有机生活垃圾堆肥转换率，对其转换为堆肥的潜在供给量进行估算。根据以上计算结果，对平顶山市各研究区域有机生活垃圾堆肥循环利用于各区域绿化的需求供给平衡进行定量分析。2020 年研究区域绿化堆肥潜在需求总量约为 95.70 千吨/年，有机垃圾堆肥潜在供给总量约为 170.39 千吨/年，需供比约为 0.56，表明平顶山市堆肥潜在需求量小于潜在供给量，有机生活垃圾堆肥不能全量被研究对象的绿化所利用。各研究区域中仅有石龙区有机生活垃圾堆肥绿化利用需求量略大于供给量。其余区域需供比均小于 1.00，处于不同程度的需求量小于供给量的局面。

第十六节　南 阳 市

一、南阳市概要

1. 地理位置　南阳市位于河南省西南部、豫鄂陕三省交界地带，因地处伏牛山以南、汉水以北而得名。地理坐标为北纬 32°17′—33°48′、东经 110°58′—113°49′。东西长 263 千米，南北宽 168 千米，总面积 2.66 万千米^2，在河南省 18 个省辖市中面积最大、人口最多。全市现辖 2 个行政市辖区、4 个开发区、11 个县（市）。南阳是国务院较早命名的历史文化名城，历史悠久，文化璀璨。早在五六十万年前，与北京猿人同时代的南召猿人，就在这里繁衍生息；东汉时期为光武帝刘秀的发迹之地，故有“帝乡”之称。南阳市现拥有全国重点文物保护单位 20 处，省级重点文物保护单位 100 余处。

2. 气候　南阳市属于亚热带湿润季风气候。季风的进退与四季的替换较为明显。冬干冷，雨雪少；夏炎热，雨量充沛；春回暖快，降雨逐渐增多；秋季凉爽，降雨逐渐减少。冬季时间较长 110～135 天，其次是夏季 110～120 天，春秋时间较短 55～70 天。南阳市常年的年平均气温为 15℃，最热月 7 月的月平均气温为 27℃，最冷月 1 月的平均气温在 1℃左右。这里年降水量为 800 毫米，年无霜期为 220～245 天。古人曾以“春前有雨花开早，秋后无霜叶落迟”的诗句来赞扬南阳市良好的气候条件。

3. 地形地貌　宛是南阳市最早的地名之一，既反映了南阳盆地的地貌特征，又反映了其生态环境。南阳市为三面环山，南部开口的马蹄形盆地，素称南阳盆地。

4. 水资源　南阳市是南水北调中线工程的核心水源地和渠首所在地，市内河流众多，分属长江、淮河、黄河三大水系，长度在 100 千米以上的河流有 10 条。南阳市主要河流有丹江、唐河、白河、淮河、湍河、刁河、灌河等，可供开采量约 8.58 亿米^3，南阳市水资源总量 70.35 亿米^3，水储量、亩均水量及人均水量均居河南省第一位。

5. 动植物资源　南阳市目前共有鸟类 271 种，隶属于 17 目 44 科 133 属，约占全省鸟类总数的 71%。国家级保护的鸟类 49 种，占全省总数的 67.9%。其中国家一级保护鸟类 8 种，包括黑鹳、金雕、白肩雕、白尾海雕等；国家二级保护鸟类 41 种，包括斑嘴鹈鹕、松雀鹰、苍鹰等；全省共有 23 种省级重点保护的鸟类，南阳市占 20 种。南阳市有野生植物资源 184 科 927 属 2 298 种，野生动物资源 28 目 75 科 204 属 320 种，国家和省重点保护动物、植物 79 种；拥有国家和省级自然区 6 个，面积 221.37 万亩；国家和省级森林公园 8 个，面积 6 万亩。南阳市是全国中药材的主产区之一，盛产天然中药材就达 2 357 种，其中地道名优药材 30 余种，品种数量占全国的 20%以上，总储量占河南省的 1/4 以上，且多为无污染有机药材。截至 2020 年末，南阳市森林覆盖率 40.51%（不含直管县）。全市共有自然保护区 8 个，其中国家级自然保护区 5 个。自然保护区面积 251.16 千公顷。

二、南阳市各研究区域绿化堆肥潜在需求量的计算

1. 南阳市各研究区域绿化面积 南阳市行政区域由卧龙区、宛城区、邓州市、南召县、镇平县、内乡县、淅川县、新野县、唐河县、桐柏县、方城县、西峡县、社旗县等 2 个区、1 个县级市和 10 个县组成。由于通过文献调查和实地调研得到南阳市市区总体和各县的绿化面积（未得到 2 个区详细绿化面积），因此，本研究以南阳市行政区域内的市区（包含市内 2 个区）和 1 个县级市、10 个县为研究对象，对该研究区域的有机生活垃圾堆肥绿化利用的需求供给平衡进行讨论。根据文献[90]和对南阳市园林绿化中心及城市管理局的实地调研结果，统计出南阳市各研究区域 2020 年的绿化面积如表 5－76 所示。研究对象的绿化总面积为 21 612.87 公顷。绿化面积最大的是市区，其绿化面积约为 9 099.97 公顷，约占研究对象总绿化面积的 42.10%，而且市区绿化覆盖率达 40.2%。南召县的绿化面积最小，仅为 739.31 公顷，仅占总绿化面积的 3.42%，南召县在各研究区域中面积最小是主要原因。

表 5－76　2020 年南阳市各研究区域绿化面积

各区域	绿化面积（公顷）
市区	9 099.97
邓州市	1 819.82

（续）

各区域	绿化面积（公顷）
南召县	739.31
方城县	951.53
西峡县	895.30
镇平县	1 567.87
内乡县	1 008.90
淅川县	839.75
社旗县	991.94
唐河县	1 195.45
新野县	1 110.35
桐柏县	1 392.68
区域合计	21 612.87

2. 南阳市各研究区域绿化堆肥潜在需求量的计算　根据第四章式（4－1），南阳市各研究区域绿化面积 A 参照表 5－76，绿地的堆肥施用基准量 B 参考文献约为 20 吨/(公顷·年)[71]，计算出南阳市各研究区域的绿化堆肥潜在需求量，计算结果如表 5－77 所示。

表 5－77　南阳市各研究区域绿化堆肥潜在需求量

各区域	堆肥潜在需求量（千吨/年）
市区	182.00
邓州市	36.40
南召县	14.79
方城县	19.03
西峡县	17.91
镇平县	31.36

（续）

各区域	堆肥潜在需求量（千吨/年）
内乡县	20.18
淅川县	16.80
社旗县	19.84
唐河县	23.91
新野县	22.21
桐柏县	27.85
区域合计	432.26

如表 5－77 南阳市各研究区域绿化堆肥潜在需求量所示，研究对象 1 个市区、1 个县级市、10 个县绿化堆肥潜在需求总量约为 432.26 千吨/年。其中，市区的绿化堆肥潜在需求量最大约为 182.00 千吨/年，该区域绿化面积较大是主要原因。南召县的绿化堆肥潜在需求量最小约为 14.79 千吨/年，该区域在各研究区域中绿化面积最小是造成此结果的主要原因。

三、南阳市各研究区域有机生活垃圾堆肥潜在供给量的计算

1. 南阳市各研究区域有机生活垃圾产生量的计算 南阳市各研究区域有机生活垃圾产生量根据第四章式（4－2）进行计算。南阳市各研究区域人口 E_i 根据统计年鉴[90]，人均垃圾产生量 W 参考文献约为 1.1 千克/天[72-73]，有机生活垃圾的含有率 N 参考文献约为 40%[4]，计算出南阳市各研究区域有机生活垃圾产生量 C_i，计算结果如表 5－78 所示。

表 5-78　2020 年南阳市各研究区域人口及有机生活垃圾产生量

各区域	人口（万人）	有机生活垃圾产生量（千吨/年）
市区	190.41	305.80
邓州市	136.59	219.36
南召县	54.36	87.30
方城县	85.46	137.25
西峡县	43.18	69.35
镇平县	86.94	139.63
内乡县	56.71	91.08
淅川县	62.55	100.46
社旗县	63.45	101.90
唐河县	120.31	193.22
新野县	63.08	101.31
桐柏县	40.12	64.43
区域合计	1 003.16	1 611.07

2. 南阳市各研究区域有机生活垃圾堆肥潜在供给量的计算

根据第四章式（4-3），对南阳市各研究区域有机生活垃圾潜在供给量进行计算。南阳市各研究区域有机生活垃圾产生量 C_i 依据以上计算结果，有机生活垃圾的堆肥率参考文献约为 30%[4]，计算出研究对象地区的有机生活垃圾堆肥潜在供给量 G_i，计算结果如表 5-79 所示。

表 5-79　2020 年南阳市各研究区域有机生活垃圾堆肥潜在供给量

各区域	堆肥潜在供给量（千吨/年）
市区	91.74
邓州市	65.81
南召县	26.19

（续）

各区域	堆肥潜在供给量（千吨/年）
方城县	41.17
西峡县	20.80
镇平县	41.89
内乡县	27.32
淅川县	30.14
社旗县	30.57
唐河县	57.97
新野县	30.39
桐柏县	19.33
区域合计	483.32

如表 5－79 所示，南阳市各研究区域有机生活垃圾堆肥绿化利用的潜在供给总量约为 483.32 千吨/年。各区域中堆肥潜在供给量最大的是市区，约为 91.74 千吨/年，约占南阳市堆肥潜在供给总量的 18.98%，该区域人口数量在各区域中最多是造成此结果的主要原因。另外，桐柏县有机生活垃圾堆肥潜在供给量约为 19.33 千吨/年，在各区域中处于最小值，仅占南阳市堆肥潜在供给总量的 4.00%，该区域在 1 个市区、1 个县级市、10 个县中居住人口最少是主要原因。

四、南阳市各研究区域有机生活垃圾堆肥需求供给平衡分析

南阳市各研究区域，有机生活垃圾堆肥绿化施用的需供比的计算结果如表 5－80 所示。南阳市各研究区域绿化堆肥潜在需求总量约为 432.26 千吨/年，有机垃圾堆肥潜在供给总量约为

483.32 千吨/年，需供比约为 0.89。研究结果表明，研究对象堆肥潜在需求量小于潜在供给量，有机生活垃圾堆肥不能全量被研究对象的绿化所利用。而且南阳市各区域的需供比存在较大的偏差。研究对象 1 个市区、1 个县级市、10 个县中需供比最小的是唐河县的 0.41，绿化面积较小、人口数量多是造成此结果的主要原因。另外，需供比大于 1.00 的仅有市区和桐柏县，市区需供比约为 1.98，桐柏县需供比约为 1.44，表现出较严重的需求大于供给的局面。市区地处中心城区绿化面积较大，桐柏县同样绿化面积较大而且人口较少是主要原因。剩余的 1 个县级市、9 个县的需供比均低于 1.00，呈现不同程度的有机生活垃圾堆肥绿化利用的供过于求状态。

表 5－80　南阳市各研究区域有机生活垃圾堆肥绿化施用的需供比

各区域	堆肥潜在需求量（千吨/年）	堆肥潜在供给量（千吨/年）	需供比
市区	182.00	91.74	1.98
邓州市	36.40	65.81	0.55
南召县	14.79	26.19	0.56
方城县	19.03	41.17	0.46
西峡县	17.91	20.80	0.86
镇平县	31.36	41.89	0.75
内乡县	20.18	27.32	0.74
淅川县	16.80	30.14	0.56
社旗县	19.84	30.57	0.65
唐河县	23.91	57.96	0.41
新野县	22.21	30.39	0.73
桐柏县	27.85	19.33	1.44
区域合计	432.26	483.32	0.89

五、结论

本节以南阳市行政区域内的 1 个市区、1 个县级市、10 个县为研究对象区域，假定研究区域生活垃圾分类收集后有机生活垃圾堆肥进行绿化循环利用。首先，通过南阳市各研究区域的绿化面积，对有机生活垃圾堆肥潜在需求量进行推算；其次，根据南阳市各研究区域的人口数量、人均生活垃圾产生量和有机生活垃圾含有率，计算出各区域有机生活垃圾产生量；最后，通过有机生活垃圾堆肥率，对其转换为堆肥的潜在供给量进行估算。根据以上计算结果，对研究区域有机生活垃圾堆肥循环利用于绿化的需求供给平衡进行定量分析。2020 年，南阳市绿化堆肥潜在需求总量约为 432.26 千吨/年，有机垃圾堆肥潜在供给总量约为 483.32 千吨/年，需供比约为 0.89，结果表明南阳市堆肥潜在需求量小于潜在供给量，有机生活垃圾堆肥不能全量被研究对象的绿化所利用。而且各区域的需供比存在较大的偏差，需供比大于 1.00 的仅有市区和桐柏县，剩余的 1 个县级市、9 个县的需供比均低于 1.00。

第十七节　濮 阳 市

一、濮阳市概要

1. 地理位置　濮阳市位于河南省东北部，黄河下游，冀、鲁、豫 3 省交界处。东南部与山东省济宁市、菏泽市隔河相望，东北部与山东省聊城市、泰安市毗邻，北部与河北省邯郸市相连，西部与河南省安阳市接壤，西南部与河南省新乡市相倚。地处北纬 35°20′00″—36°12′23″、东经 114°52′00″—116°05′04″，东西长 125 千米，南北宽 100 千米，全市总面积为 4 188 千米^2。

2. 气候　濮阳市地域位于中纬度地带，常年受东南季风环流的控制和影响，属暖温带半湿润季风型大陆性气候。特点是四季分明，春季干旱多风沙，夏季炎热雨量大，秋季晴和日照长，冬季干旱少雨雪。光辐射值高，能充分满足农作物一年两熟的需要。年平均气温为 13.3℃，年极端最高气温达 43.1℃，年极端最低气温为－21℃。无霜期一般为 205 天。年平均日照时数为 2 454.5 小时，平均日照百分率为 58%。年平均风速为 2.7 米/秒，常年主导风向是南风、北风。夏季多南风，冬季多北风，春秋两季风向风速多变。年平均降水量为 502.3～601.3 毫米。

3. 地形地貌　濮阳市地域是中国第三级阶梯的中后部，属于黄河冲积平原的一部分。地势较为平坦，自西南向东北略有倾斜；地面海拔一般在 48～58 米。濮阳县西南滩区局部高达 61.8 米，台前县东北部最低仅 39.3 米。由于历史上黄河沉积、淤塞、决口、改道等作用，造就了濮阳平地、岗洼、沙丘、沟河相间的地貌特征；境内有临黄堤、金堤及一些故道残堤。平地约占濮阳市面积的 70%，洼地约占 20%，沙丘约占 7%，水域约占 3%。

4. 水资源　濮阳市境内有河流 97 条，多为中小河流，分属于黄河、海河两大水系。过境河主要有黄河、金堤河和卫河，较大的河流还有天然文岩渠、马颊河、潴龙河、徒骇河等。濮阳市属河南省较干旱的地区之一，水资源总量不多。地表径流靠天然降水补给，平均径流量为 1.86 亿米^3，径流深为 44.4 毫米；境内浅层地下水总量为 6.73 亿米^3，其中可供开采的有 6.24 亿米^3。

5. 动植物资源 濮阳市境内常见动物有 4 门 12 纲 39 目 85 科 200 多种。其中脊椎动物（鱼类、爬行类、两栖类、鸟类、哺乳类等）有 5 纲 20 目 32 科；野生动物中，兽类主要有野兔、狐狸、獾、鼠、黄鼬、刺猬等；鸟类有 38 种，主要有鹊、雀、燕、猫头鹰、啄木鸟、布谷、鸽子、画眉等；水生动物主要有蛙、蟾、鱼、虾；昆虫种类繁多，常见的有 11 目 45 科，害虫天敌有 9 目 44 科 70 种；饲养动物有 30 余种，其中家畜主要有牛、驴、马、骡、猪、羊、兔，家禽主要有鸡、鸭、鹅、鸽、鹌鹑等。濮阳市境内生存植物除农作物外，有 118 科 381 属 1 200 余种。其中，蕨类植物 3 科 3 属 6 种，裸子植物 3 科 13 属 75 种，被子植物 112 科 365 属 1 120 余种，引进驯化植物达 630 种。境内植被组成成分丰富，孑遗、稀有植物较多，而以禾本科、豆科、菊科、蔷薇科、茄科、十字花科、百合科、杨柳科、伞形科、锦葵科、石蒜科、玄参科、仙人掌科、毛茛科、苋科、石竹科、莎草科为主，多属暖温带植被。濮阳市天然林木较少，基本为人造林，主要分布在黄河故道及背河洼地。优质用材林树种主要有毛白杨、三倍体毛白杨、速生杨 108、加拿大杨、枫杨、榆、柳、泡桐、椿、槐等。经济林树种主要有红枣、苹果、桃、杏、梨、葡萄、柿、山楂、核桃、花椒等。境内常见药用植物 110 余种，分布零散，盛产香附、枸杞、二花、车前子、半夏、益母草等。主要栽培植物为粮食作物，如小麦、玉米、水稻、甘薯等，蔬菜种类有 12 大类 100 余个品种，种植较多的有白菜、番茄、葱、蒜、韭菜、辣椒、萝卜、黄瓜、茄子、马铃薯、豇豆、姜、藕、菠菜、芥菜、冬瓜、南瓜、芥蓝、花椰菜、木耳菜、佛手瓜、雪莲果、五彩椒等。

二、濮阳市各研究区域绿化堆肥潜在需求量的计算

1. 濮阳市各研究区域绿化面积　濮阳市行政区域由 1 个区、5 个县组成，即华龙区、濮阳县、清丰县、南乐县、范县、台前县。本研究以濮阳市行政区域内的 1 个区、5 个县为研究对象，对其有机生活垃圾堆肥绿化利用的需求供给平衡进行讨论。根据文献[91]和对濮阳市市政园林管理局及城市管理局的实地调研结果，统计出濮阳市各研究区域 2020 年的绿化面积如表 5－81 所示。濮阳市总体绿化面积约为 5 878 公顷，其中华龙区绿化面积最大，约为 2 743 公顷，占濮阳市总体绿化面积的 46.67%。范县绿化面积最小，约为 348 公顷，仅占濮阳市总体绿化面积的 5.92%。华龙区作为濮阳市的中心城区，绿化覆盖率较高。各研究区域中范县建成区面积最小，因此，范县的绿化面积也相对较小。

表 5－81　2020 年濮阳市各研究区域绿化面积

各区域	绿化面积（公顷）
华龙区	2 743
濮阳县	918
清丰县	804
南乐县	591
范县	348
台前县	474
区域合计	5 878

2. 濮阳市各研究区域绿化堆肥潜在需求量的计算　根据第四章式（4－1），濮阳市各研究区域绿化面积 A 参照表 5－81，

绿地的堆肥施用基准量 B 参考文献约为 20 吨/(公顷·年)[71]，计算出濮阳市各研究区域的绿化堆肥潜在需求量，计算结果如表 5－82 所示。

表 5－82　濮阳市各研究区域绿化堆肥潜在需求量

各区域	堆肥潜在需求量（千吨/年）
华龙区	54.86
濮阳县	18.36
清丰县	16.08
南乐县	11.82
范县	6.96
台前县	9.48
区域合计	117.56

如表 5－82 濮阳市各研究区域绿化堆肥潜在需求量所示，研究对象 1 个区、5 个县绿化堆肥潜在需求总量约为 117.56 千吨/年。华龙区绿化对堆肥的潜在需求量约为 54.86 千吨/年，在各区域中最大，约占堆肥潜在需求总量的 46.67%。范县绿化对堆肥的需求量约为 6.96 千吨/年，在各区域中最小，仅占堆肥需求总量的 5.92%。剩余区域绿化堆肥潜在需求量由大到小依次为濮阳县、清丰县、南乐县、台前县。

三、濮阳市各研究区域有机生活垃圾堆肥潜在供给量的计算

1. 濮阳市各研究区域有机生活垃圾产生量的计算　濮阳市各研究区域有机生活垃圾产生量根据第四章式（4－2）进行计算。各研究区域人口 E_i 根据统计年鉴[91]，人均垃圾产生量 W 参

考文献约为 1.1 千克/天[72-73]，有机生活垃圾的含有率 N 参考文献约为 40%[4]，计算出濮阳市各研究区域有机生活垃圾产生量 C_i，计算结果如表 5-83 所示。

表 5-83　2020 年濮阳市各研究区域人口及有机生活垃圾产生量

各区域	人口（万人）	有机生活垃圾产生量（千吨/年）
华龙区	59.83	96.09
濮阳县	42.28	67.90
清丰县	21.15	33.97
南乐县	16.48	26.47
范县	16.67	26.77
台前县	11.68	18.76
区域合计	168.09	269.95

2. 濮阳市各研究区域有机生活垃圾堆肥潜在供给量的计算

根据第四章式（4-3），对濮阳市各研究区域有机生活垃圾潜在供给量进行计算。濮阳市各研究区域有机生活垃圾产生量 C_i 依据以上计算结果，有机生活垃圾的堆肥率参考文献约为 30%[4]，计算出濮阳市各研究区域的有机生活垃圾堆肥潜在供给量 G_i，计算结果如表 5-84 所示。

表 5-84　2020 年濮阳市各研究区域有机生活垃圾堆肥潜在供给量

各区域	堆肥潜在供给量（千吨/年）
华龙区	28.83
濮阳县	20.37
清丰县	10.19
南乐县	7.94

（续）

各区域	堆肥潜在供给量（千吨/年）
范县	8.03
台前县	5.63
区域合计	80.99

如表 5-84 所示，濮阳市各研究区域有机生活垃圾堆肥绿化利用的潜在供给总量约为 80.99 千吨/年。各研究区域中堆肥潜在供给量最大的是华龙区，其堆肥潜在供给量约为 28.83 千吨/年，约占濮阳市有机生活垃圾堆肥潜在供给总量的 35.60%。有机生活垃圾堆肥潜在供给量最小的区域是台前县，其堆肥潜在供给量约为 5.63 千吨/年，仅占濮阳市有机生活垃圾堆肥潜在供给总量的 6.95%，台前县在濮阳市各研究区域中人口最少是造成此结果的主要原因。

四、濮阳市各研究区域有机生活垃圾堆肥需求供给平衡分析

濮阳市各研究区域，有机生活垃圾堆肥绿化施用的需供比的计算结果如表 5-85 所示。濮阳市绿化堆肥潜在需求量约为 117.56 千吨/年，有机生活垃圾堆肥潜在供给量约为 80.99 千吨/年，需供比约为 1.45，高于 1.00，结果表明研究对象整体有机生活垃圾完全可以被市内绿化施肥利用，但是各研究区域的堆肥绿化利用需供比存在一定的偏差。各研究区域中华龙区需供比最高，约为 1.90；范县在各研究区域中需供比最低，约为 0.87。濮阳县需供比约为 0.90，基本处于需求供给平衡状态。剩余区域需供比均远大于 1.00，呈现不同程度的有机生活垃圾堆肥利用的供不应求局面。

表 5-85　濮阳市各研究区域有机生活垃圾堆肥绿化施用的需供比

各区域	堆肥潜在需求量（千吨/年）	堆肥潜在供给量（千吨/年）	需供比
华龙区	54.86	28.83	1.90
濮阳县	18.36	20.37	0.90
清丰县	16.08	10.19	1.58
南乐县	11.82	7.94	1.49
范县	6.96	8.03	0.87
台前县	9.48	5.63	1.68
区域合计	117.56	80.99	1.45

五、结论

本节以濮阳市行政区域内的 1 个区、5 个县为研究对象区域，假定研究区域生活垃圾分类收集后有机生活垃圾堆肥进行绿化循环利用。首先，通过濮阳市各研究区域的绿化面积，对堆肥绿化利用的潜在需求量进行推算；其次，根据濮阳市各研究区域人口数量、人均生活垃圾产生量和有机生活垃圾含有率，计算出各研究区域有机生活垃圾产生量；最后，通过有机生活垃圾堆肥转换率，对其转换为堆肥的潜在供给量进行估算。根据以上计算结果，对研究对象各区域的有机生活垃圾堆肥循环利用于绿化的需求供给平衡进行定量分析。2020 年，濮阳市绿化堆肥潜在需求总量约为 117.56 千吨/年，有机生活垃圾堆肥潜在供给总量约为 80.99 千吨/年，需供比约为 1.45。研究表明，2020 年濮阳市市内有机生活垃圾完全可以被绿化施肥利用，但是各研究区域有机生活垃圾堆肥绿化利用需供比存在一定的偏差。

第十八节　济 源 市

一、济源市概要

1. 地理位置　济源市位于河南省西北部，地处北纬 34°53′—35°16′、东经 112°01′—112°45′。北依太行山，与山西省晋城市、阳城县搭界；南隔黄河，与孟津、新安二县相望；西踞王屋山，与山西省垣曲县接壤；东及东南分别与沁阳市、孟州市及洛阳市吉利区毗邻。济源市境内略呈长方形，东西最长处 66 千米，南北最宽处 36.5 千米，总面积 1 931 千米^2；东南至省会郑州直线距离 104 千米，东北至焦作直线距离 60 千米，至山西晋城距离 70 千米；南至洛阳直线距离 60 千米。

2. 气候　济源市地处河南省西北部太行山南麓，与山西省毗邻，属暖温带季风气候。总的气候特点是：四季分明，气候温和，光、热、水资源丰富。春季气温回升快，多风少雨、干旱频发；夏季炎热，热量充足，降雨集中，局部易涝易旱；秋季秋高气爽，气温降幅较大，雨量减少；冬季寒冷，雨雪稀少。年平均温度 14.5℃，年平均降水量 567.9 毫米，年平均相对湿度 68％。但由于受地貌形态复杂和季风的影响，不同地区气候差异较大。这种差异主要表现在：气温随海拔的升高而降低，降水量随海拔的升高而增加，具有明显的垂直变化的立体气候特征，从而形成了平原区、低山丘陵区、中山区不同的气候差别。

3. 地形地貌　济源市地貌复杂，地势壮观。中山、低山、丘陵和平原相辅相成，构成了大山、大河、大平原的壮丽景观。

特别是中山区，起伏多变的远峰近峦，险峻恢宏的悬崖峭壁，深邃幽静的峡谷涧溪，动态各异的飞瀑灵泉，集雄、险、奇、秀、幽于一体，构成了这一地区地貌的基本特征。山势陡峭，拔地通天。地处中山区的山体，都是断块抬升的山体。这些山体经受褶皱和多次断裂抬升活动及强烈的下切、剥蚀、侵蚀作用，形成了悬崖峭壁、层峦叠嶂、奇峰插云的雄险景观。王屋山主峰天坛山海拔 1 711 米，不算太高，但因其相对高差大。从阳台宫到山顶，水平距离只有 5.5 千米，而高差却达 1 024 米。

4. 水资源　济源市地处黄河流域，有大小河流百余条。主要河流有黄河、济河、沁河、溴河、蟒河、大店河、逢石河等。济源市地下水类型主要是基岩孔隙裂隙水和松散岩层孔隙水。基岩孔隙裂隙水主要由大气降水补给，其中一部分以地下径流形式排入河道，成为河川基流；一部分变为深层水，以山前侧渗形式进入山前倾斜平原。松散岩层孔隙水，主要补给来源是大气降水、灌溉回归水和山区地下水的侧渗等，其消耗主要为开采、蒸发和一部分由河谷排出。

5. 动植物资源　济源市野生动物资源丰富，有各种动物近 700 种。其中兽类 34 种，为河南省兽类总数的 47%；鸟类 220 种，为河南省鸟类总数的 49%。被列入国家重点保护的珍稀动物 48 种，有国家一级保护动物金钱豹、林麝、白鹳、黑鹳、金雕、玉带海雕、大鸨等 8 种，国家二级保护动物猕猴、水獭、斑羚、斑嘴鹈鹕、大天鹅、小天鹅、秃鹫、鸢、灰鹤、勺鸡、白尾鹞、雀鹰、苍鹰、松雀鹰、红脚隼、黄爪隼、红隼、红脚鸮、领角鸮、雕鸮、纵纹腹小鸮、长耳鸮、短耳鸮、大鲵等 40 种。济源市野生植物资源丰富，共有植物 2 121 种，为河南省植物总数的 49%，其中列入国家重点保护的珍稀植物有红豆杉、连香树、山白树等 9 种。济源植物的区系成分、种类组成都很丰富，植被类型比较齐全。植物区系具有多方植物区系成分的特点，即以暖温带的华北植物区系为主，兼有其他区系成分。诸如东北、蒙古植物区系的蒙古栎、山杨、大叶朴等，西北植物区系的黄刺玫、西北枸杞等，西南植物区系的华山松、红桦等，华中植物区系的山白树、山桐子等。区系成分中还有许多具有热带亲缘的种类，诸如红豆杉、构、异叶榕、蓝雪等，还有主要分布于亚热带的竹类。

二、济源市绿化堆肥潜在需求量的计算

1. **济源市绿化面积**　济源市属河南省直辖县级市，因此，济源市行政区域不包括区、县等区域。济源市下辖 5 个街道、11 个镇，即沁园街道、济水街道、北海街道、天坛街道、玉泉街道、克井镇、五龙口镇、轵城镇、承留镇、邵原镇、坡头镇、梨林镇、大峪镇、思礼镇、王屋镇、下冶镇。由于通过文献调查和实地调研得到 2014—2020 年济源市总体绿化面积（未得其下辖街道和镇的详细绿化面积），因此，本研究以济源市为研究对象，对该研究对象 2014—2020 年的有机生活垃圾堆肥绿化利用的需求供给平衡进行讨论。根据文献[92-98]和对济源市风景园林管理局及市政管理局的实地调研结果，统计出该研究对象区域 2014—2020 年的绿化面积如表 5 - 86 所示。

表 5 - 86　2014—2020 年济源市绿化面积

年份	绿化面积（公顷）
2014	1 953.00
2015	1 990.00

（续）

年份	绿化面积（公顷）
2016	2 306.00
2017	2 393.00
2018	2 408.00
2019	2 429.00
2020	2 429.28

2014—2020 年济源市的绿化面积呈现稳步上升态势。7 年间济源市绿化面积增长 476.28 公顷，增长率达 24.38%。其中 2015—2016 年度增长率最高，2019—2020 年度增长率最低。其原因大概是原先绿化基础较弱，2014 年后政府较重视绿化建设，而 2019—2020 年因受疫情影响，绿化建设进程受到一定的影响。

2. 济源市绿化堆肥潜在需求量的计算　根据第四章式（4－1），济源市各研究区域绿化面积 A 参照表 5－86，绿地的堆肥施用基准量 B 参考文献约为 20 吨/(公顷・年)[71]，计算出济源市绿化堆肥潜在需求量，计算结果如表 5－87 所示。

表 5－87　2014—2020 年济源市绿化堆肥潜在需求量

年份	堆肥潜在需求量（千吨/年）
2014	39.00
2015	39.80
2016	46.10
2017	47.90
2018	48.20
2019	48.60
2020	48.60

如表 5－87 所示，2014—2020 年济源市的有机生活垃圾堆肥潜在需求量呈现稳步上升态势。7 年间济源市堆肥潜在需求量

增长 9.6 千吨/年，增长率约 24.62%。

三、济源市有机生活垃圾堆肥潜在供给量的计算

1. 济源市有机生活垃圾产生量的计算 济源市有机生活垃圾产生量根据第四章式（4-2）进行计算，各研究区域人口 E_i 根据统计年鉴[92-98]，人均垃圾产生量 W 参考文献约为 1.1 千克/天[72-73]，有机生活垃圾的含有率 N 参考文献约为 40%[4]，计算出济源市有机生活垃圾产生量 C_i，计算结果如表 5-88 所示。

表 5-88 2014—2020 年济源市有机生活垃圾产生量

年份	人口（万人）	有机生活垃圾产生量（千吨/年）
2014	40.60	65.20
2015	47.20	75.80
2016	48.07	77.20
2017	48.57	78.00
2018	48.94	78.60
2019	46.89	75.30
2020	47.07	75.60

2. 济源市有机生活垃圾堆肥潜在供给量的计算 根据第四章式（4-3），对济源市 2014—2020 年有机生活垃圾潜在供给量进行计算。济源市 2014—2020 年有机生活垃圾产生量 C_i 依据以上计算结果，有机生活垃圾的堆肥率参考文献约为 30%[4]，计算出研究对象地区的有机生活垃圾堆肥潜在供给量 G_i，计算结果如表 5-89 所示。

如表 5-89 所示，2014—2020 年济源市有机生活垃圾堆肥潜在供给量所示，2014—2018 年济源市的有机生活垃圾堆肥潜

在供给量呈现稳步上升态势，2018—2019 年潜在供给量稍下降，2020 年潜在供给量较 2014 年增长 3.12 千吨/年，增长率达 15.95%。近年来济源市常住人口增加是造成此结果的主要原因。

表 5 - 89　2014—2020 年济源市有机生活垃圾堆肥潜在供给量

年份	堆肥潜在供给量（千吨/年）
2014	19.56
2015	22.74
2016	23.16
2017	23.40
2018	23.58
2019	22.59
2020	22.68

四、济源市有机生活垃圾堆肥需求供给平衡分析

济源市 2014—2020 年有机生活垃圾堆肥绿化施用的需供比的计算结果如表 5 - 90 所示。济源市 2014—2020 年的需供比整体在 2.00 上下波动。以上数据表明，济源市 2014—2020 年，7 年间的有机生活垃圾堆肥均可以全量被对应年份的绿化所利用，而且会产生大量剩余。7 年间济源市的绿化面积逐年增加，有机生活垃圾堆肥潜在需求量呈现稳步上升态势。7 年间济源市堆肥潜在需求量增长 9.6 千吨/年，增长率约 24.62%。另外，近年来济源市常住人口增加，2020 年较 2014 年有机生活垃圾堆肥供给量增长 3.12 千吨/年，增长率达 15.95%，但略低于堆肥潜在需求量的增长率。因此，造成该研究区域有机生活垃圾堆肥绿化施用的需供比呈少许上升趋势。

表 5-90　2014—2020 年济源市有机生活垃圾堆肥绿化施用的需供比

年份	堆肥潜在需求量（千吨/年）	堆肥潜在供给量（千吨/年）	需供比
2014	39.00	19.56	1.99
2015	39.80	22.74	1.75
2016	46.10	23.16	1.99
2017	47.90	23.40	2.05
2018	48.20	23.58	2.04
2019	48.60	22.59	2.15
2020	48.60	22.68	2.14

五、结论

本节以河南省直辖县级市济源市为研究对象，假定研究对象有机生活垃圾堆肥进行绿化循环利用，对该研究对象 2014—2020 年的有机生活垃圾堆肥绿化利用的需求供给平衡进行讨论。首先，通过研究对象 2014—2020 年的绿化面积，对堆肥绿化利用的潜在需求量进行推算；其次，根据济源市 2014—2020 年常住人口数量、人均生活垃圾产生量和有机生活垃圾含有率，计算出研究对象有机生活垃圾产生量；最后，通过有机生活垃圾堆肥率，对其转换为堆肥的潜在供给量进行估算。根据以上计算结果，对济源市 2014—2020 年的有机生活垃圾堆肥循环利用于绿化的需求供给平衡进行定量分析。济源市 2014—2020 年的需供比整体在 2.00 上下波动。以上数据表明，济源市 2014—2020 年的有机生活垃圾堆肥均可以全量被对应年份的绿化所利用，而且会产生大量剩余。另外，分析表明研究区域 2014—2020 年有机生活垃圾堆肥绿化施用的需供比呈少许上升趋势。

本章总结

为促进有机生活垃圾堆肥的绿化利用，对以区域为单位的绿化有机废弃物堆肥的潜在需求量及有机生活垃圾转化为堆肥潜在供给量的计算定式化，对区域有机生活垃圾堆肥的绿化利用的需求供给平衡分析模式化。本章以河南省为研究对象，假定河南省行政区域内的 17 个地级市和 1 个省直辖市生活垃圾分类收集后有机生活垃圾堆肥进行绿化利用，对各区域内有机生活垃圾堆肥的绿化利用潜在需求量和潜在供给量进行计算，同时对各区域的堆肥需求和供给平衡进行定量分析，研究结果如下：

2020 年度河南省各研究对象整体有机生活垃圾堆肥绿化潜在需求量约为 3 223.47 千吨/年，研究对象整体有机生活垃圾转化为堆肥的供给量约为 3 614.01 千吨/年，堆肥需供比约为 0.89。需供比低于 1.00，河南省各研究区域整体有机生活垃圾堆肥不能全量被绿化所利用。

2020 年河南省的 17 个地级市和 1 个省直辖市中，7 个地级市和 1 个省直辖市有机生活垃圾堆肥绿化利用的需供比高于 1.00，其他区域需供比均低于 1.00，研究对象的各区域堆肥需供比存在较大的偏差。需供比最高区域约为 2.14，需供比最低区域仅为 0.46。

本研究的完成为河南省各区域有机生活垃圾堆肥绿化利用提供科学依据的同时，也为堆肥在使用过程中降低成本、提高利用效率提供基础。作为今后的课题，对有机生活垃圾堆肥在绿化利用过程中，堆肥多余区域向堆肥不足区域移动及实际利用过程中降低成本等探究，实现其效率化利用。

参考文献
REFERENCES

[1] ZHOU Q S, LI X Z, YANG C L, et al. Demand - Supply Balance Analysis of Agricultural Organic Waste Recycling in Northern Henan Province, China [J]. Polish Journal of Environmental Studies, 2018, 27 (5): 2367 - 2376.

[2] 慕成功，赵梦霞．河南省有机肥资源［M］．北京：中国农业技术出版，1996：69 - 70.

[3] 周庆生．农业有机废弃物堆肥需求与供给［M］．北京：科学出版社，2018.

[4] 周庆生，北脇秀敏，荒卷俊也．关于中国郑州市有机废弃物农业利用的运输问题的研究［J］．土木学会第 38 回环境系统研究论文集（东京），2010，38：341 - 347.

[5] 日本环境省．日本垃圾的分类及发生处理状况［EB/OL］．(2011 - 1 - 13). http://www.env.go.jp/recycle/waste/conf_raw_g/01/mat03.pdf.

[6] TOSHIYA A, EIJI S, KEISUKE H. Supply and demand analysis of compost for effective use of various organic wastes in Aichi Prefecture [J]. Journal of Environmental Science (Japan), 2001, 14 (4): 367 - 371.

[7] HARUNA E, OSAMU N. Supply and Demand Analysis Model of Compost and Liquid Organic Fertilizer for Circulative Utilization of Organic Waste in Nagasaki prefecture [J]. Journal of Environmental Studies Nagasaki University (Japan), 2008, 11 (1): 9 - 17.

[8] EIJI S. Demand and supply balance within a region and quantitative assessment of resourcization of organic wastes in consideration of environmental load [D]. Tokyo: University of Tokyo, 2004.

[9] TANIKAWA N, FURUICHI T, TOKAI A, et al. Factors Determining Use of Compost in Suburban Areas by Farmers [J]. WASTE

MANAGEMENT RESEARCH（TOKYO JAPAN），2006，17（2）：153-161.

[10] 社团法人　日本食品需求与供给研究中心．1998年度地域废弃物集中处理系统推进调查研究报告书［R］．东京：日本食品需求与供给研究中心，1999.

[11] 社团法人　日本下水道协会．排水污泥堆肥的农业利用程序2005年版［M］．东京：日本下水道协会，2005.

[12] 申眺，乔勇，赵新磊．河南省有机肥资源利用状况及存在问题［M］．北京：中国大地出版社，2009：8.

[13] 藤田贤二．堆肥化技术-废弃物有效利用技术［M］．东京：技报堂出版，1993：6-9.

[14] 周庆生．关于有机废弃物广域移动效率化研究-以中国河南省郑州市行政区域的需供平衡为中心［D］．东京：东洋大学，2011.

[15] 原田靖生．有机废弃物的处理·流通·利用系统［M］．东京：社团法人农林水产技术情报协会，1988：142.

[16] 张绪美．中国畜禽养殖及其粪便污染特征与发展趋势分析［D］．南京：中国科学院南京土壤研究所，2008.

[17] 北脇秀敏．土的环境圈-堆肥化装置［M］．东京：FUJI TECHNO-SYSTEM CO.，LTD.，1997：916.

[18] 北脇秀敏，藤田贤二．都市垃圾堆肥化利用现状及可能性［J］．都市和废弃物（日本东京），1986，16（12）：15-24.

[19] 品部和宏．土的环境圈-废弃物的绿色农业还原和堆肥化［M］．东京：FUJI TECHNOSYSTEM CO.，LTD.，1997：895-896.

[20] 三俣延子．下水汚泥の緑地利用-イングランドの環境政策-［J］．廃棄物資源循環学（日本东京），2009，20（1）：22-28.

[21] 后藤茂子．最近下水污泥农业利用相关研究-以重金属为中心-［J］．季刊肥料（日本），2004（97）：43-48.

[22] 安藤生大．环境化学的事典-垃圾的分类与收集［M］．东京：朝仓书店，2007：219.

[23] 河村清史．有机废弃物资源化现状与技术［M］．埼玉：日本埼玉县环境科学国际中心，2001：103-113.

[24] 伊达升．有机废弃物与微生物资材［M］．东京：农山渔村文化协会，1988：92-95.

[25] 松崎敏夫．土和堆肥和有机物 [M]．东京：社团法人家的观光协会，1992：51-53.

[26] 矢田敏英，川口恵子，佐佐木健．有机废弃物循环利用 [M]．东京：（株式会社）地人书店（日本），1992：17-18.

[27] 西尾道德．堆肥及有机质肥料的基础知识 [M]．东京：农山渔村文化协会（日本），1998：47-196.

[28] 藤田賢二，北脇秀敏．コンポスト原料の発生熱量 [J]．都市和废弃物（日本东京），1984，14（1）：19-25.

[29] 金子栄広，藤田賢二．堆肥化反応における水分の限界に関する研究 [C]．土木学会論文集，1986，369（H-5）：303-309.

[30] 藤田賢二，北脇秀敏．コンポスト化過程とpH [J]．都市和废弃物（日本东京），1985，15（4）：31-39.

[31] CHANYASAK V，KUBOTA H. Carbon/Organic Nitrogen Ratio in Water Extract as Measure of Composting Degradation [J]. Journal of fermentation technology，1981，59（3）：215-219.

[32] 金子栄広，藤田賢二．コンポストの酸素消費速度に及ぼす酸素濃度の影響 [C]．土木学会第42回大会II，1987：986-987.

[33] 金子栄広，藤田賢二．コンポスト化過程における通気量、酸素濃度および反応効率の相互関係について [J]．都市清掃，1990，43（177）：383-390.

[34] FINSTEIN M S，MILLER F C，HOGAN J A，et al. Anslysis of EPA Guidance on Composting Sludge [J]. BioCycle，1987：20-26.

[35] BAE Y J. コンポスト化過程における微生物の研究 [D]．东京：东京大学，1990.

[36] GOLUEKE C G. A Critical Evaluation of Inoculums in Composting [J]. Applied Microbioi. ogy，1953，2（1）：45-53.

[37] 北脇秀敏．コンポストの発酵過程に関する研究 [D]．东京：东京大学，1983.

[38] 金子栄広．堆肥化過程における水分の影響に関する研究 [D]．东京：东京大学，1984.

[39] 李金惠．"无废城市"建设的国际经验分析 [J]．区域经济评论，2019（3）：90-93.

[40] 岡田清．欧米における有機性ゴミ処理の実状について [J]．（2017-

03－02）畜産環境技術研究所网页 http：//www. eieo. or. jp/pub_train//pub lication/tkjtki03/kaijai03. pdf.

[41] LU W X，DU J. Experience of waste classification management in Japan and Its Enlightenment to China [J]. Journal of central China Normal University（HUMANITIES AND SOCIAL SCIENCES），2016，55（1）：39－53.

[42] 坂本宏．環境化学の事典-循環社会 [M]. 東京：朝倉書，2007：360－364.

[43] 山本耕平．ごみ読本-垃圾处理法律 [M]. 東京：廃棄物学会，中央法規出版（日本），2000：47－51.

[44] 前田利蔵．都市有機性廃棄物 [M]. 東京：地球环境战略研究機構（日本），2006：125－136.

[45] 金子栄廣，中崎清彦．堆肥化技術に関する研究の現状と今後の展開 [J]. 廃棄物学会誌（東京），2008，19（6）：264－270.

[46] 社団法人食品需給センター．地域廃棄物集中処理システム構築マニュアル [D]. 東京：社団法人食品需給センター，2001.

[47] 社団法人食品需給センター．地域廃棄物集中処理システム推進調査 [D]. 東京：社団法人食品需給センター，1999.

[48] 松中照夫．土壌学基础—成长・机能・肥沃度・环境 [M]. 日本东京：农山渔村文化协会，2003：162.

[49] 杨柏松，熊文江，朱巧银．好氧堆肥技术研究 [J]. 现代化农业，2016，7：57－58.

[50] DONG X Y. Research Progress and Prospect in Resource Utilization Technology of Agricultural Solid Waste [J]. AnhuiAgri. Sci. Bull，2014，20（18）：86－89.

[51] FAN H R，HUA L，WANG X J. Effects of Municipal Waste Compost and Its Compound Fertilizers on Grass and Soils [J]. Journal of Agro－Environment Science，2007，26（1）：188－192.

[52] JI D F，XIA X F，LIU J，et al. Environmental impact assessment of municipal solid waste disposal in Beijing [J]. Chinese Journal of Environmental Engineering，2011，5（9）：2101－2107.

[53] LUO H L，HU H，ZHANG M，et al. Present situation and Trend of Municipal Solid Waste Treatment Technology [J]. POLLUTION

CONTROI TECHNOLOGY，2018，5 (9)：22－25.
[54] 王临清，李枭鸣，朱法华．中国城市生活垃圾处理现状及发展建议 [J]. 环境污染与防治，2015 (2)：106－109.
[55] 王毅琪，赵玉柱，刘佳．城市生活垃圾综合处理工艺及发展趋势探讨 [J]. 环境卫生工程，2014，22 (1)：8－10.
[56] 废弃物学会．日本垃圾阅读物-垃圾处理的历史 [M]. 东京：中央法规出版，2000：3－23.
[57] FU Z H，ZHU X F，PENG X D. Current Situation of Municipal Solid Waste Disposal and Utilization of Resources in Guangzhou [J]. Guangdong Chemical Industry，2018，45 (9)：177－179.
[58] 杨帆，邵超峰，鞠美庭．城市垃圾分类的国外经验 [J]. 生态经济，2016，32 (11)：2－5.
[59] ZHOU C B，LÜ B，SHI L，et al. Assessment of Municipal Solid Waste Recycling Rate and Its Statistic Data Collecting Strategy in China [J]. Chinese Journal of Environmental Management，2018 (3)：70－76.
[60] 张占仓．“无废城市”建设的科学内涵与探索方向 [J]. 区域经济评论，2019 (3)：84－87.
[61] 盛广耀．以责任原则建立“无废城市”全过程综合管理机制 [J]. 区域经济评论，2019 (3)：88.
[62] CHEN S J，LI R C，MA Y B. Paradox Between Willingness and Behavior：Classification Mechanism of Urban Residents on Household Waste [J]. China's population，resources and environment，2015，25 (9)：168－176.
[63] 国务院办公厅．关于转发国家发展改革委员会、住房城乡建设部生活垃圾分类制度实施方案的通知 [Z]. 北京：国务院办公厅，2017.
[64] 住房和城乡建设部，国家发展和改革委员会，生态环境部，等．关于在全国地级及以上城市全面开展生活垃圾分类工作的通知 [Z]. 北京：住房和城乡建设部，2019.
[65] 周庆生．农业有机废弃物堆肥效率化广域利用 [M]. 北京：中国农业出版社，2018.
[66] 纪涛．城市生活垃圾堆肥处理现状及应用前景．天津科技，2008 (5)：46－47.
[67] 野池達也．メタン発酵 [M]. 東京：技報堂出版，2009.

[68] ZHOU Q S, LUO L L, ZHAO Y Q, et al. Demand - supply balance of urban organic waste recycling and utilisation - a case study of zhengzhou city of China [J]. Journal of Environmental Protection and Ecology, 2021, 22 (5): 1942 - 1951.

[69] ZHOU Q S, QU K G, ZHANG Y Z, et a. Demand - Supply Balance of the Nitrogen Nutrients Converted from Regional Agricultural Organic Wastes for Agricultural Utilization. International Journal of Design & Nature and Ecodynamics, 2020, 15 (6): 813 - 819.

[70] 周庆生，北脇秀敏．关于中国郑州市有机废弃物农业利用需供平衡分析 [J]. 东洋大学大学纪要（日本东京），2009 (46): 45 - 55.

[71] 王婉静，周庆生，庞天赐，等．绿色大学发展理念下校园有机垃圾分类及堆肥绿化利用分析-以郑州师范学院的事例为中心 [J]. 现代盐化工，2021 (6): 108 - 113.

[72] 王金华．城市生活垃圾产生量预测与中转站选址优化研究 [D]. 昆明：昆明理工大学，2008.

[73] 曹巍．济南市人均生活垃圾产生量分析与预测 [J]. 环境卫生工程，2015，23 (4): 12 - 14.

[74] 郑州统计局，国家统计局郑州调查队．郑州市统计年鉴 [M]. 北京：中国统计出版社，2020.

[75] 郑州市地方史志办．2017 郑州年鉴 [M]. 北京：方志出版社，2017.

[76] 洛阳市统计局，国家统计局洛阳调查队．洛阳市统计年鉴 [M]. 北京：中国统计出版社，2020.

[77] 开封市统计局，国家统计局开封调查队．开封市统计年鉴 [M]. 北京：中国统计出版社，2020.

[78] 驻马店市统计局，国家统计局驻马店调查队．驻马店市统计年鉴 [M]. 北京：中国统计出版社，2020.

[79] 漯河市统计局，国家统计局漯河调查队．漯河市统计年鉴 [M]. 北京：中国统计出版社，2020.

[80] 三门峡市统计局，国家统计局三门峡调查队．三门峡市统计年鉴 [M]. 北京：中国统计出版社，2020.

[81] 许昌市统计局，国家统计局许昌调查队．许昌市统计年鉴 [M]. 北京：中国统计出版社，2020.

[82] 商丘市统计局，国家统计局商丘调查队．商丘市统计年鉴 [M]. 北

京：中国统计出版社，2020.
[83] 周口市统计局，国家统计局周口调查队．周口市统计年鉴［M］. 北京：中国统计出版社，2020.
[84] 安阳市统计局，国家统计局安阳调查队．安阳市统计年鉴［M］. 北京：中国统计出版社，2020.
[85] 新乡市统计局，国家统计局新乡调查队．新乡市统计年鉴［M］. 北京：中国统计出版社，2020.
[86] 焦作市统计局，国家统计局焦作调查队．焦作市统计年鉴［M］. 北京：中国统计出版社，2020.
[87] 信阳市统计局，国家统计局信阳调查队．信阳市统计年鉴［M］. 北京：中国统计出版社，2020.
[88] 鹤壁市统计局，国家统计局鹤壁调查队．鹤壁市统计年鉴［M］. 北京：中国统计出版社，2020.
[89] 平顶山市统计局，国家统计局平顶山调查队．平顶山市统计年鉴［M］. 北京：中国统计出版社，2020.
[90] 南阳市统计局，国家统计局南阳调查队．南阳市统计年鉴［M］. 北京：中国统计出版社，2020.
[91] 濮阳市统计局，国家统计局濮阳调查队．濮阳市统计年鉴［M］. 北京：中国统计出版社，2020.
[92] 济源市统计局，国家统计局济源调查队．济源市统计年鉴［M］. 北京：中国统计出版社，2014.
[93] 济源市统计局，国家统计局济源调查队．济源市统计年鉴［M］. 北京：中国统计出版社，2015.
[94] 济源市统计局，国家统计局济源调查队．济源市统计年鉴［M］. 北京：中国统计出版社，2016.
[95] 济源市统计局，国家统计局济源调查队．济源市统计年鉴［M］. 北京：中国统计出版社，2017.
[96] 济源市统计局，国家统计局济源调查队．济源市统计年鉴［M］. 北京：中国统计出版社，2018.
[97] 济源市统计局，国家统计局济源调查队．济源市统计年鉴［M］. 北京：中国统计出版社，2019.
[98] 济源市统计局，国家统计局济源调查队．济源市统计年鉴［M］. 北京：中国统计出版社，2020.

致 谢

ACKNOWLEDGEMENT

笔者在日本留学工作十几年，从本科开始到取得博士学位再到东洋大学就职期间，一直以来受到北脇秀敏教授无私的教赐。本书是在北脇秀敏教授多年指导下对笔者影响深远的结晶，值此文成稿之际，向恩师致以最真挚的感谢。

河南省农业农村厅土肥站研究员申眺，以及河南省各地级市和省直辖市的园林部门和市政管理部门，在实地调研中提供珍贵的数据资料和必要的协助，在此表示感谢。

本书是我和我们的研究团队，研究有机废弃物堆肥资源化利用的又一研究成果。如果没有学生们的收集、整理资料以及在河南省各区域进行实地调研，特别是郑州师范学院自然地理与资源环境专业、地理科学专业及地理信息专业的同学们对数据的统计，本书的完成不知推迟至何日。从此意义上讲，本书可以看作是集体智慧的结晶。在此对参与实地调研和数据整理的各位同学表示感谢。

最后在此对一直以来支持我常年留学和科研工作的妻子白宝元和女儿周子晴以及家庭各位成员表示感谢。

周庆生

2024 年 1 月 26 日

图书在版编目（CIP）数据

区域有机生活垃圾堆肥城市绿化利用 / 周庆生著. —北京：中国农业出版社，2024.4

ISBN 978-7-109-32012-3

Ⅰ.①区… Ⅱ.①周… Ⅲ.①城市—有机垃圾—垃圾处理 Ⅳ.①X799.305②X705

中国国家版本馆 CIP 数据核字（2024）第 107753 号

中国农业出版社出版

地址：北京市朝阳区麦子店街 18 号楼

邮编：100125

责任编辑：国 圆　　文字编辑：张田萌

版式设计：王 晨　　责任校对：吴丽婷

印刷：北京科印技术咨询服务有限公司数码印刷分部

版次：2024 年 4 月第 1 版

印次：2024 年 4 月北京第 1 次印刷

发行：新华书店北京发行所

开本：880mm×1230mm 1/32

印张：7

字数：210 千字

定价：58.00 元
